集成电路系列丛书·集成电路设计

硅基射频器件的建模与参数提取

张 傲 高建军 著

电子工业出版社
Publishing House of Electronics Industry
北京·BEIJING

内 容 简 介

本书是作者及所在课题组在微波射频技术领域多年工作、学习、研究和教学过程中获得的知识和经验的总结。本书主要内容为硅基射频集成电路相关的无源器件和有源器件的建模方法及其参数提取技术：无源器件以片上螺旋电感和变压器为主，介绍了相应的模型构建和参数提取路线，讨论了主要物理结构参数对器件特性的影响；有源器件以 MOSFET 器件为主，介绍了小信号等效电路模型、大信号非线性等效电路模型和噪声等效电路模型的构建，以及相应等效电路模型的参数提取技术。

本书可作为微波专业、电路与系统专业及微电子专业的高年级本科生和研究生的教材，也可供从事集成电路设计的工程师参考。

未经许可，不得以任何方式复制或抄袭本书之部分或全部内容。
版权所有，侵权必究。

图书在版编目（CIP）数据

硅基射频器件的建模与参数提取／张傲，高建军著．—北京：电子工业出版社，2021.9
（集成电路系列丛书．集成电路设计）
ISBN 978-7-121-42002-3

Ⅰ．①硅… Ⅱ．①张… ②高… Ⅲ．①硅基材料-射频电路-建模系统②硅基材料-射频电路-参数分析 Ⅳ．①TN710

中国版本图书馆 CIP 数据核字（2021）第 187613 号

责任编辑：张 京 文字编辑：曹 旭
印　　刷：河北迅捷佳彩印刷有限公司
装　　订：河北迅捷佳彩印刷有限公司
出版发行：电子工业出版社
　　　　　北京市海淀区万寿路 173 信箱　邮编　100036
开　　本：720×1000　1/16　印张：14.75　字数：298 千字
版　　次：2021 年 9 月第 1 版
印　　次：2021 年 9 月第 1 次印刷
定　　价：98.00 元

凡所购买电子工业出版社图书有缺损问题，请向购买书店调换。若书店售缺，请与本社发行部联系，联系及邮购电话：（010）88254888，88258888。
质量投诉请发邮件至 zlts@phei.com.cn，盗版侵权举报请发邮件至 dbqq@phei.com.cn。
本书咨询联系方式：lhy@phei.com.cn。

"集成电路系列丛书"编委会

主　编：王阳元
副主编：李树深　　吴汉明　　周子学　　刁石京
　　　　　　许宁生　　黄　如　　丁文武　　魏少军
　　　　　　赵海军　　毕克允　　叶甜春　　杨德仁
　　　　　　郝　跃　　张汝京　　王永文

编委会秘书处

秘书长：王永文（兼）
副秘书长：罗正忠　季明华　陈春章　于燮康　刘九如
秘　书：曹　健　蒋乐乐　徐小海　唐子立

出版委员会

主　任：刘九如
委　员：赵丽松　　徐　静　　柴　燕　　张　剑
　　　　　　魏子钧　　牛平月　　刘海艳

"集成电路系列丛书·集成电路设计"编委会

主　　编：魏少军

副 主 编：严晓浪　程玉华　时龙兴

责任编委：尹首一

编　　委（按姓氏笔画排序）：

　　　　　尹首一　任奇伟　刘伟平　刘冬生　叶　乐

　　　　　朱樟明　孙宏滨　李　强　杨　军　杨俊祺

　　　　　孟建熠　赵巍胜　曾晓洋　韩银和　韩　军

"集成电路系列丛书"主编序言
培根之土 润苗之泉 启智之钥 强国之基

王国维在其《蝶恋花》一词中写道:"最是人间留不住,朱颜辞镜花辞树",这似乎是人世间不可挽回的自然规律。然而,人们还是通过各种手段,借助于各种媒介,留住了人们对时光的记忆,表达了人们对未来的希冀。

图书,尤其是纸版图书,是数量最多、使用最悠久的记录思想和知识的载体。品《诗经》,我们体验了青春萌动;阅《史记》,我们听到了战马嘶鸣;读《论语》,我们学习了哲理思辨;赏《唐诗》,我们领悟了人文风情。

尽管人们现在可以把律动的声像寄驻在胶片、磁带和芯片之中,为人们的感官带来海量信息,但是图书中的文字和图像依然以它特有的魅力,擘画着发展的总纲,记录着胜负的苍黄,展现着感性的豪放,挥洒着理性的张扬,凝聚着色彩的神韵,回荡着音符的铿锵,驰骋着心灵的激越,闪烁着智慧的光芒。

《辞海》中把书籍、期刊、画册、图片等出版物的总称定义为"图书"。通过林林总总的"图书",我们知晓了电子管、晶体管、集成电路的发明,了解了集成电路科学技术、市场、应用的成长历程和发展规律。以这些知识为基础,自20世纪50年代起,我国集成电路技术和产业的开拓者踏上了筚路蓝缕的征途。进入21世纪以来,我国的集成电路产业进入了快速发展的轨道,在基础研究、设计、制造、封装、设备、材料等各个领域均有所建树,部分成果也在世界舞台上拥有一席之地。

为总结昨日经验,描绘今日景象,展望明日梦想,编撰"集成电路系列丛书"（以下简称"丛书"）的构想成为我国广大集成电路科学技术和产业工作者共同的夙愿。

2016年，"丛书"编委会成立，开始组织全国近500名作者为"丛书"的第一部著作《集成电路产业全书》（以下简称《全书》）撰稿。2018年9月12日，《全书》首发式在北京人民大会堂举行，《全书》正式进入读者的视野，受到教育界、科研界和产业界的热烈欢迎和一致好评。其后，《全书》英文版 *Handbook of Integrated Circuit Industry* 的编译工作启动，并决定由电子工业出版社和全球最大的科技图书出版机构之一——施普林格（Springer）合作出版发行。

受体量所限，《全书》对于集成电路的产品、生产、经济、市场等，采用了千余字"词条"描述方式，其优点是简洁易懂，便于查询和参考；其不足是因篇幅紧凑，不能对一个专业领域进行全方位和详尽的阐述。而"丛书"中的每一部专著则因不受体量影响，可针对某个专业领域进行深度与广度兼容的、图文并茂的论述。"丛书"与《全书》在满足不同读者需求方面，互补互通，相得益彰。

为更好地组织"丛书"的编撰工作，"丛书"编委会下设了12个分卷编委会，分别负责以下分卷：

☆ 集成电路系列丛书·集成电路发展史论和辩证法

☆ 集成电路系列丛书·集成电路产业经济学

☆ 集成电路系列丛书·集成电路产业管理

☆ 集成电路系列丛书·集成电路产业教育和人才培养

☆ 集成电路系列丛书·集成电路发展前沿与基础研究

☆ 集成电路系列丛书·集成电路产品、市场与投资

☆ 集成电路系列丛书·集成电路设计

☆ 集成电路系列丛书·集成电路制造

☆ 集成电路系列丛书·集成电路封装测试

☆ 集成电路系列丛书·集成电路产业专用装备

☆ 集成电路系列丛书·集成电路产业专用材料

☆ 集成电路系列丛书·化合物半导体的研究与应用

2021年，在业界同仁的共同努力下，约有10部"丛书"专著陆续出版发行，献给中国共产党百年华诞。以此为开端，2021年以后，每年都会有纳入"丛书"的专著面世，不断为建设我国集成电路产业的大厦添砖加瓦。到2035年，我们的愿景是，这些新版或再版的专著数量能够达到近百部，成为百花齐放、姹紫嫣红的"丛书"。

在集成电路正在改变人类生产方式和生活方式的今天，集成电路已成为世界大国竞争的重要筹码，在中华民族实现复兴伟业的征途上，集成电路正在肩负着新的、艰巨的历史使命。我们相信，无论是作为"集成电路科学与工程"一级学科的教材，还是作为科研和产业一线工作者的参考书，"丛书"都将成为满足培养人才急需和加速产业建设的"及时雨"和"雪中炭"。

科学技术与产业的发展永无止境。当2049年中国实现第二个百年奋斗目标时，后来人可能在21世纪20年代书写的"丛书"中发现这样或那样的不足，但是，仍会在"丛书"著作的严谨字句中，看到一群为中华民族自立自强做出奉献的前辈们的清晰足迹，感触到他们在质朴立言里涌动的满腔热血，聆听到他们的圆梦之心始终跳动不息的声音。

书籍是学习知识的良师，是传播思想的工具，是积淀文化的载体，是人类进步和文明的重要标志。愿"丛书"永远成为培育我国集成电路科学技术生根的沃土，成为润泽我国集成电路产业发展的甘泉，成为启迪我国集成电路人才智慧的金钥，成为实现我国集成电路产业强国之梦的基因。

编撰"丛书"是浩繁卷帙的工程，观古书中成为典籍者，成书时间跨度逾十年者有之，涉猎门类逾百种者亦不乏其例：

《史记》，西汉司马迁著，130卷，526500余字，历经14年告成；

《资治通鉴》,北宋司马光著,294卷,历时19年竣稿;

《四库全书》,36300册,约8亿字,清360位学者共同编纂,3826人抄写,耗时13年编就;

《梦溪笔谈》,北宋沈括著,30卷,17目,凡609条,涉及天文、数学、物理、化学、生物等各个门类学科,被评价为"中国科学史上的里程碑";

《天工开物》,明宋应星著,世界上第一部关于农业和手工业生产的综合性著作,3卷18篇,123幅插图,被誉为"中国17世纪的工艺百科全书"。

这些典籍中无不蕴含着"学贵心悟"的学术精神和"人贵执着"的治学态度。这正是我们这一代人在编撰"丛书"过程中应当永续继承和发扬光大的优秀传统。希望"丛书"全体编委以前人著书之风范为准绳,持之以恒地把"丛书"的编撰工作做到尽善尽美,为丰富我国集成电路的知识宝库不断奉献自己的力量;让学习、求真、探索、创新的"丛书"之风一代一代地传承下去。

王阳元

2021年7月1日于北京燕园

"集成电路系列丛书·集成电路设计"
主编序言

集成电路是人类历史上最伟大的发明之一，六十多年的集成电路发展史实质上是一部持续创新的人类文明史。集成电路的诞生奠定了现代社会发展的核心硬件基础，支撑了互联网、移动通信、云计算、人工智能等新兴产业的快速发展，推动人类社会步入数字时代。芯片设计位于集成电路产业链的最上游，对芯片产品的用途、性能和成本起到决定性作用。设计环节既是产品定义和产品创新的核心，也是直面全球市场竞争的前线，其重要性不言而喻。党的"十八大"以来，在党中央、国务院的领导下，通过全行业的奋力拼搏，我国集成电路设计业在产业规模、产品创新和技术进步等方面取得了长足发展，为优化我国集成电路产业结构做出了重要贡献。

为全面落实《国家集成电路产业发展推进纲要》提出的各项工作，加快推进我国集成电路设计技术和产业的发展，满足蓬勃增长的市场需求，业内专家学者在王阳元院士的指导下共同策划和编写了"集成电路系列丛书·集成电路设计"分卷内容。分卷总结我国近期取得的研究成果，详细论述集成电路设计领域的核心关键技术，积极探索集成电路设计未来发展趋势，以期推动我国集成电路设计业高质量发展，实现从学习追赶到自主创新的转变。在此由衷感谢集成电路设计分卷全体作者的努力和贡献，以及电子工业出版社的鼎力支持！

正如习近平总书记所言："放眼世界，我们面对的是百年未有之大变局。"面对复杂多变的国际形势，如何从芯片设计角度更好地促进我国集成电路产业发展，是官产学研用各界共同关注的问题。希望设计分卷丛书为业界同仁展示成果、交流经验提供一个平台，抛砖引玉，为广大读者带来一些思考和启发，吸引有志青年投入到集成电路设计这一意义重大且极具魅力的事业中来。

魏少军

作者简介

张傲,女,2017年毕业于南京邮电大学并获得学士学位,毕业后于华东师范大学攻读博士学位,2019年赴加拿大卡尔顿大学担任研究助理。近年来主要在Ⅲ-Ⅴ族化合物半导体器件高频建模和微波测试等领域进行了系统的研究,取得了一系列突破性的研究成果。目前已经发表SCI论文10余篇,并先后获得2019全国集成微系统仿真建模大赛一等奖、2018全国微波/毫米波会议最佳论文奖、2018上海市研究生学术论坛优秀论文奖、2020博士研究生国家奖学金等多个奖项。目前已出版中文译著《室内无线通信:从原理到实现》(清华大学出版社),参编高中生教材《机器人设计与制作》(人民教育出版社)。先后参与了国家自然科学基金重点项目、国家自然科学基金面上项目等毫米波和太赫兹半导体器件建模研究和应用课题,在国外留学期间也参与了器件建模研究课题。

高建军,男,1968年出生。清华大学本科和博士研究生毕业,中国科学院微电子研究所博士后和副研究员。2001—2004年,先后在新加坡南洋理工大学、德国柏林工业大学和加拿大卡尔顿大学做研究工作。2005—2007年,担任东南大学无线电工程系教授和博士生导师,2007年起任华东师范大学特聘教授和博士生导师。目前为中国电子学会高级会员,IEEE高级会员。独立撰写英文专著和中文专著各3部,作为第一作者在IEEE会刊发表论文11篇。

前　　言

由于集成技术和大规模系统设计技术的飞速进步，电子工业在过去的几十年里得到了惊人的发展，硅基集成电路已经取代双极性晶体管成为最重要的民用半导体器件，其商业应用包括移动通信、无线通信、光纤通信、全球定位系统、自动防撞系统和高频雷达等。

集成电路的计算机辅助设计是电路设计的主要课题之一，对于缩短集成电路的设计周期、降低设计和制作成本、提高可靠性具有重要意义。半导体器件模型是影响电路设计精度的最主要因素之一，电路规模越大，指标和频段越高，对器件模型的要求也越高。因而准确的器件模型对提高射频和微波/毫米波电路设计的成功率、缩短电路研制周期是非常重要的。为了将硅基半导体器件的建模进展介绍给初入半导体器件设计及测试表征研究领域的科研人员，以便他们能以较快的速度站在新型半导体器件设计研究的前沿，同时也为了给本领域的研究者提供一份比较完整的参考文献，本书应运而生。

本书是笔者及所在课题组在微波射频技术领域多年工作、学习、研究和教学过程中获得的知识和经验的总结。笔者对在硅基半导体器件模型研究和测试技术方面所做的研究工作加以回顾和总结，可利于今后研究工作的深入开展。本书的核心内容源自笔者所在课题组发表在国际重要期刊的文章。笔者希望这些想法、概念和技术能够为国内外同行共享。

本书可作为高年级本科生和研究生的教材，也可供从事集成电路设计的工程师参考。集成电路的计算机辅助设计技术日新月异。笔者也竭尽全力对本书所涵盖的领域使用最新的资料。本书共分为 6 章，重点介绍以微波信号和噪声网络矩阵技术为基础的硅基片上电感和变压器等无源器件、有源器件 MOSFET 的小信号等效电路模型、大信号非线性等效电路模型和噪声模型，以及相应模型参数的提取技术。

尽管笔者花费了大量的时间和精力从事手稿的准备工作，但书中难免存在不足，敬请读者对本书的结构和内容给予批评指正。

著 者

致 谢

本书是在我及所在课题组发表在国际期刊多篇论文的基础上完成的，主要包括从 2007 年到 2020 年对硅基半导体有源器件和无源器件建模方法及测量技术的研究工作。

主要内容涉及多位博士及硕士研究生的研究课题，包括研究片上电感模型的颜玲玲硕士和张译心硕士，研究片上变压器模型的程冉硕士和陈波博士，研究硅基 MOSFET 器件模型的周影硕士、程加力博士和于盼盼博士，研究无源器件模型传输函数的王皇博士，在此谨向所有关心、帮助过我的老师和学生致以真诚的谢意。

同时对本课题的研究合作者——南通大学孙玲教授、南洋理工大学 Wang Hong 副教授和英飞凌模型研究部门的 Andreas Werthof 先生表示感谢。

感谢国家自然科学基金重点项目和面上项目（项目编号：62034003 和 61774058）的资助。

最后特别感谢我的导师——清华大学高葆新教授和原电子工业部梁春广院士（已故）对我十余年研究工作的指导、鼓励和支持，衷心感谢我的博士后导师——中国科学院微电子研究所吴德馨院士的帮助。

高建军

目　　录

第1章　半导体器件建模的意义 ... 1
1.1　集成电路设计自动化 ... 1
1.2　硅基微波射频半导体器件 ... 3
1.3　半导体器件模型的种类 ... 6
1.4　半导体器件建模流程 ... 9
1.5　本书的目标和结构 ... 11
参考文献 ... 12

第2章　片上螺旋电感的射频模型和参数提取 ... 13
2.1　片上电感的物理结构 ... 13
2.2　平面螺旋电感的基本特性 ... 17
2.3　片上螺旋电感的等效电路模型 ... 19
2.4　八边形平面螺旋电感 ... 22
2.4.1　开路和短路测试结构及模型 ... 23
2.4.2　本征等效电路模型 ... 25
2.4.3　电感测试版图 ... 26
2.4.4　电路模型参数提取 ... 28
2.5　三维电感 ... 33
2.5.1　三维电感的物理结构 ... 34
2.5.2　三维电感的等效电路模型 ... 35
2.5.3　三维电感的模型参数提取 ... 37
2.6　石墨烯片上螺旋电感 ... 41
2.6.1　石墨烯片上螺旋电感的制备与测试 ... 41
2.6.2　石墨烯片上螺旋电感的等效电路模型和参数提取 ... 42
2.6.3　测试结果与模拟结果比较 ... 45
2.7　几何参数对片上螺旋电感的影响 ... 46
2.7.1　线圈圈数对片上螺旋电感的影响 ... 47
2.7.2　线宽对片上螺旋电感的影响 ... 49
2.7.3　金属线间距对片上螺旋电感的影响 ... 50
2.7.4　内径对片上螺旋电感的影响 ... 52

2.8 本章小结 ... 54
参考文献 ... 55

第3章 片上螺旋变压器 ... 57
3.1 射频集成电路中的片上螺旋变压器 ... 57
3.2 片上螺旋变压器的基本结构和特性 ... 61
    3.2.1 平面螺旋变压器的基本结构和特性 ... 61
    3.2.2 层叠式变压器的基本结构和特性 ... 63
3.3 片上螺旋变压器的等效电路模型 ... 64
3.4 片上螺旋变压器的设计和参数确定 ... 67
    3.4.1 片上螺旋变压器的设计 ... 67
    3.4.2 片上螺旋变压器的模型参数确定方法 ... 69
    3.4.3 变压器模型寄生参数提取 ... 71
    3.4.4 变压器模型本征参数提取 ... 76
3.5 典型片上螺旋变压器的比较 ... 79
3.6 结构参数对片上螺旋变压器的影响 ... 82
    3.6.1 交叉互绕变压器 ... 82
    3.6.2 层叠式变压器 ... 87
3.7 本章小结 ... 90
参考文献 ... 91

第4章 MOSFET 小信号等效电路模型和参数确定 ... 93
4.1 小信号等效电路模型 ... 93
4.2 去嵌技术 ... 97
    4.2.1 去嵌流程 ... 97
    4.2.2 开路结构等效电路模型 ... 101
    4.2.3 短路结构等效电路模型 ... 107
    4.2.4 趋肤效应的影响 ... 111
    4.2.5 引线电感的确定方法 ... 114
4.3 寄生电阻的确定方法 ... 116
    4.3.1 Cold-FET 方法 ... 116
    4.3.2 正常偏置方法 ... 117
    4.3.3 截止状态方法 ... 118
4.4 本征参数提取方法 ... 122
    4.4.1 衬底网络参数确定方法 ... 122
    4.4.2 本征参数直接提取方法 ... 123
    4.4.3 本征参数优化提取 ... 128

目录

  4.4.4 按比例缩放规则 ········· 129
 4.5 本征元件灵敏度分析 ········· 134
  4.5.1 S 参数测量的不确定 ········· 135
  4.5.2 电路灵敏度分析 ········· 135
  4.5.3 本征模型参数的灵敏度 ········· 137
  4.5.4 蒙特卡洛数据分析 ········· 143
 4.6 本章小结 ········· 146
 参考文献 ········· 146

第 5 章 MOSFET 器件非线性经验模型 ········· 149
 5.1 非线性电路模型的构建 ········· 149
 5.2 常用的 MOSFET 大信号模型 ········· 150
  5.2.1 BSIM 模型 ········· 150
  5.2.2 Angelov 非线性模型 ········· 152
 5.3 保护环对器件特性的影响 ········· 153
  5.3.1 保护环的结构 ········· 154
  5.3.2 DC 特性的分析对比 ········· 155
  5.3.3 S 参数的分析对比 ········· 160
 5.4 考虑 DC/AC 色散效应的大信号模型 ········· 166
  5.4.1 MOSFET 器件直流 I-V 经验模型 ········· 166
  5.4.2 色散大信号模型建模流程 ········· 170
  5.4.3 色散模型参数提取 ········· 172
  5.4.4 模型的实现和验证 ········· 176
 5.5 本章小结 ········· 178
 参考文献 ········· 178

第 6 章 MOSFET 器件噪声模型 ········· 180
 6.1 MOSFET 器件噪声等效电路模型 ········· 181
 6.2 噪声参数去嵌方法 ········· 182
  6.2.1 噪声相关矩阵 ········· 183
  6.2.2 噪声去嵌与噪声模型参数提取 ········· 185
 6.3 噪声参数的表达式 ········· 186
 6.4 噪声参数的提取方法 ········· 192
  6.4.1 基于调谐器原理的噪声参数提取 ········· 192
  6.4.2 基于 50Ω 噪声测量系统的参数提取 ········· 194
 6.5 按比例缩放的噪声等效电路模型 ········· 202
  6.5.1 多单元器件噪声等效电路模型 ········· 202

6.5.2 等效电路模型参数提取流程 ………………………………………… 204
6.5.3 按比例缩放规则 ……………………………………………………… 205
6.5.4 模拟和测试结果对比 ………………………………………………… 208
6.6 本章小结 ……………………………………………………………………… 212
参考文献 …………………………………………………………………………… 212

第1章

半导体器件建模的意义

半导体器件建模是将半导体器件的物理特性转化为数学问题的过程，并与电路仿真软件相结合，为工艺和电路设计搭建桥梁，使得设计和工艺制造尽可能一致。器件模型的精确性是影响电路设计精度的重要因素，模型越精确，设计电路时的仿真结果越接近最终芯片流片测试结果。随着电路规模的扩大，频段和指标的不断提高，对器件模型的精度要求也越来越高，对器件建模工作提出了新的要求，需要不断建立新的器件模型来指导电路设计。本章主要介绍半导体器件建模的意义和常用的电路仿真设计软件，以及半导体器件模型的种类和射频测试表征的流程。

1.1 集成电路设计自动化

半导体器件及其集成电路是电子工业的基础，早在20世纪初期，微波半导体功率器件及其电路就被发达国家列为发展战略的核心，以毫米波电路、高温功率电路和多功能模块电路为重点，充分挖掘基于硅基半导体材料的潜力。随着集成电路的发展，工艺特征尺寸（晶体管的最小沟道长度或者芯片上可实现的最小互连线宽度）逐步减小，集成电路特征物理尺寸的减小不仅增加了集成电路的密度，而且使电子和空穴必须通过的距离缩短，从而提高了晶体管的速度，器件和电路的速度越来越快，电路芯片所包含的晶体管数量呈现指数级增长。

图1.1给出了半导体晶圆尺寸（直径）的变化，图1.2给出了英寸和毫米之间的对应关系。从图1.1中可以看到，在1965—2000年不到40年的时间里，半导体晶圆直径从2英寸（约50mm）发展到300mm（约12英寸），可利用晶圆的面积增加了35倍。

在计算机还未普及的时候，研究人员主要依靠解析计算式进行手工计算，随着计算机的普及，器件以及电路的解析计算式可以由计算机来完成运算，从而形

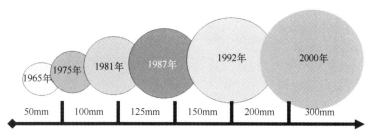

图 1.1　半导体晶圆尺寸（直径）的变化

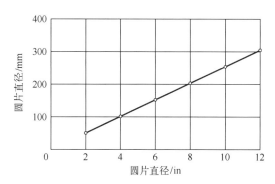

图 1.2　英寸和毫米之间的对应关系

成了计算机辅助设计软件（CAD）或电子设计自动化（EDA）。计算机辅助设计软件的优点体现在以下 3 个方面[1-3]。

（1）随着集成电路集成度的不断提高，工艺特征尺寸越来越小，芯片内集成的晶体管数量大幅增加，工作频率不断提升，各种寄生干扰影响越来越大，传统上采用手工计算方法分析设计电路已经无法适应新的需要。

（2）计算机仿真可以模拟芯片在各个工艺角下的性能指标，并通过蒙特卡罗等统计方法帮助设计者考虑工艺容差等因素。因此，采用 EDA 技术有助于提高芯片成品率，缩短设计周期，降低生产成本，提高市场竞争力。

（3）集成电路工艺进入深亚微米阶段后，生产成本越来越高，需要集成电路一次性流片成功。这就更加需要高精度的集成电路仿真技术，使得设计师可以在芯片投产之前就能准确预测芯片行为特性，验证电路功能，保证芯片设计的成品率。

射频微波器件和电路计算机辅助设计工具主要有两种：一种是半导体器件模拟软件，另一种是射频微波电路仿真软件。下面分别介绍这两种软件的功能和特点。

半导体器件模拟软件是指通过分析器件物理结构、求解相应的泊松方程和电流连续性方程等，最后得到器件的输出特性（如直流和交流特性），用以指导器件设计和生产。与此同时，也可以反映器件物理结构参数（如场效应器件的栅长、栅宽和双极性晶体管的基极、发射极尺寸）对器件输出特性的影响。这些半导体器件模拟软件大多是二维或准二维模拟器，利用这些模拟器可以对射频微波半导体器件的物理结构进行分析，然后制成版图进行生产。

射频微波电路仿真软件是指以复杂的半导体器件等效电路模型为基础，来模拟微波集成电路直流、交流、噪声和大信号非线性特性的工具。目前国际上流行的射频微波电路仿真软件大致可以分为两种：一种以 ADS（频域分析）为代表；另一种以 SPICE（时域分析）为代表，包括各种不同类型的扩展型 SPICE（如 PSPICE 和 HSPICE 等）。频域分析和时域分析可以通过傅里叶变换来实现相互之间的转换。

各种电路模拟软件能否胜任超大规模集成电路的设计与分析，模拟结果是否准确可靠，主要取决于模拟器采用的器件模型。对于比较复杂的电路，模拟器 80%以上的计算时间是用在 MOSFET 模型的求解上。可以说器件模型的准确度和计算速度直接决定了电路模拟结果的准确度和计算速度[4-6]。

1.2 硅基微波射频半导体器件

微波和毫米波具有波长短、波束窄、频带宽和穿透能力强等特点，使得相应的器件和电路处在当今微电子技术的发展前沿。随着卫星有效载荷小型化技术、相控阵雷达和电子对抗等技术的发展，微波/毫米波器件和集成电路的地位日益提高，不仅在军事应用领域占有极其重要的地位，而且在民用方面（如汽车防撞雷达、无线局域网、遥测成像等领域）也有相当大的潜在市场。理论上各种半导体均可以作为衬底来制作集成电路，但是由于硅元素在自然界中很容易提纯，制作成本低，性质稳定，无毒无害，因此目前民用的半导体集成电路主要是在硅基 CMOS 工艺下完成电路设计的。

硅基半导体器件又可以分为双极性晶体管（BJT）和金属氧化物半导体场效应晶体管（MOSFET）。MOSFET 可以被看作一个单极性器件，只有电子参与载流子运动。栅电压通过控制沟道宽度来调制漏电流，跨导用以表征栅电压控制漏电流的放大能力。由于衬底的电位会影响器件的性能，因此 MOSFET 是一个四端子器件：栅极、漏极、源极和衬底。双极性晶体管之所以被称为"双极"，是因为器件电流由空穴和电子同时参与形成，而不像场效应晶体管那样电流仅由电子参与形成，集电极电流由从基极注入的电流所控制，其电流放大能力由电流放大系数 β 来表征。与同样在硅基上制作的 MOSFET 相比，BJT 具有如下特点。

1）由于是垂直结构，在工艺上很容易通过外延、扩散和注入等过程控制各层的厚度到亚微米量级，使得电流在垂直方向流动延时缩短。

2）由于整个发射区域和电流直接接触，导致单位芯片面积具有较高的电流驱动能力。

3）输出电流与输入电压之间呈指数关系，使得器件具有较高的跨导。

4）由于容易制作一个大厚度的集电极区域，导致器件具有较高的击穿电压。

5）由基极-发射极 PN 结内建电势控制的输出电流的开态阈值电压很容易控制。

6）具有较小的低频噪声拐角频率。

双极性晶体管包括 NPN 和 PNP 两大类，每一个字母代表一个扩散区，三个字母代表三个不同掺杂的扩散区：发射极、基极和集电极。上述三个扩散区构成两个背靠背的 PN 结二极管：基极-发射极结和基极-集电极结，或者称之为 B-C 结和 B-E 结。值得注意的是，双极性晶体管不是对称的，虽然从 NPN 和 PNP 名字结构上来看发射极和集电极是对称的，但是实际上无论是从几何结构上还是掺杂浓度上，它们都有很大的不同。

表 1.1 给出了 MOSFET 器件和 BJT 特性比较。首先器件特征物理尺寸的限制决定了器件的速度特性，MOSFET 器件的栅长决定了载流子的渡越时间，而减小基极和集电极厚度同样可以达到缩短载流子渡越时间的目的。双极性器件的开态特性主要由基极-发射极电压决定，而 MOSFET 的阈值电压则由源沟道层掺杂和厚度决定。MOSFET 的阈值在工艺上较难控制，而双极性晶体管的阈值均匀性很好，非常适合在差分电路中应用。场效应晶体管的噪声源主要是热噪声和 $1/f$ 噪声，其中 $1/f$ 噪声的拐角频率可以高达 500MHz。与此相对应，双极性器件的噪声源主要是散弹噪声和 $1/f$ 噪声，其中 $1/f$ 噪声的拐角频率大大低于 MOSFET。从工艺复杂性来说，MOSFET 显然比 BJT 简单，一般 3～4 层版图就可以了，而双极性器件相对比较复杂，需要多次使用腐蚀和金属沉淀工艺。图 1.3 给出了典型器件的横截面示意图。

表 1.1 MOSFET 器件和 BJT 特性比较

参　　数	MOSFET	BJT
物理结构	平面结构	垂直结构
主要构成	肖特基二极管	PN 结二极管
端子数目	4 个	3 个
物理尺寸限制	栅长	基极和集电极厚度
阈值特性	栅阈值电压	基极-发射极电压
噪声类型	热噪声和 $1/f$ 噪声	散弹噪声和 $1/f$ 噪声
输入阻抗控制	栅电压	基极电流

第1章 半导体器件建模的意义

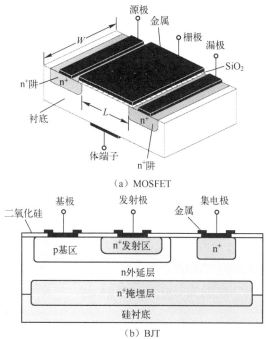

(a) MOSFET

(b) BJT

图1.3 典型器件的横截面示意图

2000年以后，由于工艺的技术突破，MOSFET的栅长越来越短，逐渐由数字电路应用进入微波射频电路应用，同时也取代了BJT成为硅基集成电路的主流工艺器件。图1.4给出了典型的MOSFET器件漏极电压和特征频率随器件栅长变化曲线，从图中可以看出，器件漏极可以承受的电压和器件栅长成正比，0.5μm栅长的器件可以承受5V左右的电压，而0.1μm栅长的器件则可以承受1V左右的电压。由于载流子渡越时间和沟道长度成反比，所以随着器件栅长的缩短，器件的特征频率越来越高[7,8]。

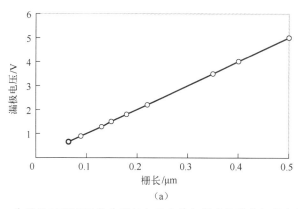

(a)

图1.4 典型的MOSFET器件漏极电压和特征频率随器件栅长变化曲线

5

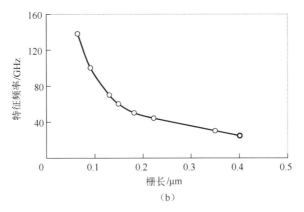

(b)

图 1.4　典型的 MOSFET 器件漏极电压和特征频率随器件栅长变化曲线（续）

图 1.5 给出了器件特性变化曲线，显然随着时间的推移，器件栅长越来越短，特征频率和最大振荡频率快速上升，器件已经进入太赫兹工作频段。

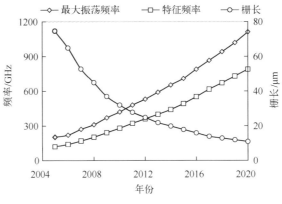

图 1.5　器件特性变化曲线

1.3　半导体器件模型的种类

器件模型是电路设计工程师与工艺工程师之间沟通的桥梁，模型主要通过数学方程描述晶体管的端口输入/输出特性，目前流行的半导体器件模型主要有这几种：物理模型、表格模型、经验模型和等效电路模型等[9]。

1. 物理模型

根据半导体器件的工艺参数、几何结构、掺杂浓度与分布和材料特性，通过计算半导体器件的载流子输运方程、连续性方程、电荷密度与电场强度的泊松方程，得出半导体器件输入/输出特性，求解方程时一般采用数值方法进行。这种物理模型的特点是从最基本的物理原理出发，可以详细表征器件工作时的特性，并且能够预测器件特性，指导新器件设计。

2. 表格模型

表格模型的特点是将一系列不同尺寸的半导体器件的输入/输出特性存储成数据表格的形式，这些数据通过测量或半导体器件仿真得到，数据点之间的特性一般通过样条插值获得。

3. 经验模型

经验模型的特点是通过选择合适的数学方程式来拟合实验测量数据，数学方程式本身与器件物理原理无关，模型参数通过拟合测量曲线得到。这类模型与表格模型相比需要的数据量较少，如采用神经网络构建的半导体器件模型。

4. 等效电路模型

等效电路模型也称分析模型。利用等效电路模型描述晶体管特性就是指将晶体管等效为由集总元件、受控源等组成的电路，由这些电路来描述晶体管的输入/输出特性，这样的模型数学表达式相对于物理模型而言比较简单，运算速度较快。构建半导体器件等效电路模型的技术称为半导体器件建模技术，即利用最基本的电路元件（电阻、电容、电感和受控源）表征一个具有复杂功能的半导体器件（如图1.6所示），其电路网络特性需要和半导体器件特性一致。

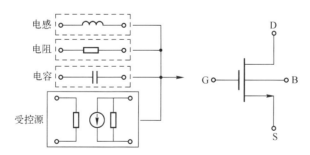

图1.6 半导体器件建模原理

下面以 MOSFET 器件为例说明等效电路模型的发展。20 世纪 80 年代，加州大学伯克利分校提出了适用于 MOSFET 器件的 BSIM 模型，模型中引入了几个与物理效应无关的拟合参数来提高模型的精度，模型的精度在一定程度上依赖于参数的提取。经过多次改进的 BSIM3v3 被集约模型委员会确立为 MOSFET 模型行业标准，它考虑了由器件尺寸及工艺变化导致的非均一掺杂、短沟道效应、窄沟道效应和高电场效应等。BSIM3v3 和 BSIM4 版本满足了数字电路、模拟电路及射频高频电路设计厂商的要求，并且具有较高的模型精度及仿真效率，迄今依然是工业界的主流模型。

另一个例子就是微带传输线，它对于射频电路设计人员来说很难入手分析其特性，但是如果采用等效电路模型的方式就很容易理解。图 1.7 给出了理想均匀传输线等效电路模型，图中各个变量定义如下：

R——单位长度串联电阻，单位为 Ω/cm；

C——单位长度并联电容，单位为 pF/cm；

L——单位长度串联电感，单位为 pH/cm；

G——单位长度并联电导，单位为 mS/cm。

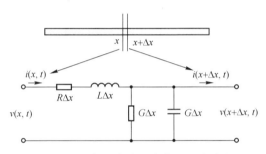

图 1.7 理想均匀传输线等效电路模型

根据基尔霍夫定律，有如下关系：

$$v(x,t)-v(x+\Delta x,t)=R\Delta x \cdot i(x,t)+L\Delta x \cdot \frac{\partial i(x,t)}{\partial t} \quad (1.1)$$

$$i(x,t)-i(x+\Delta x,t)=G\Delta x \cdot v(x,t)+C\Delta x \cdot \frac{\partial v(x,t)}{\partial t} \quad (1.2)$$

将式（1.1）和式（1.2）两边同时除以 Δx，并使得 $\Delta x \to 0$，可以得到如下方程：

$$\frac{\partial v(x,t)}{\partial x}=-\frac{v(x,t)-v(x+\Delta x,t)}{\partial x}\bigg|_{\Delta x \to 0}=-\left[Ri(x,t)+L\frac{\partial i(x,t)}{\partial t}\right] \quad (1.3)$$

$$\frac{\partial i(x,t)}{\partial x}=-\frac{i(x,t)-i(x+\Delta x,t)}{\partial x}\bigg|_{\Delta x \to 0}=-\left[Gv(x,t)+C\frac{\partial v(x,t)}{\partial t}\right] \quad (1.4)$$

假设单位长度串联电感 L 和单位长度并联电导 G 为零，则有：

$$\frac{\partial v(x,t)}{\partial x}=-Ri(x,t) \quad (1.5)$$

$$\frac{\partial i(x,t)}{\partial x} = -C\frac{\partial v(x,t)}{\partial t} \tag{1.6}$$

将式（1.5）代入式（1.6）可以得到：

$$\frac{\partial v^2(x,t)}{\partial x^2} = RC\frac{\partial v(x,t)}{\partial t} \tag{1.7}$$

通过等效电路模型，设计人员可以直接计算器件的端口电流和电压，很容易获得微带元件的工作机理和特性。

1.4　半导体器件建模流程

器件建模就是寻找一种数学仿真模型来准确描述真实器件的输入/输出特性，以便用来代替真实的物理器件进行电路设计和分析，因此也称之为建立等效电路模型。在集成电路设计过程中，器件模型不仅被用来仿真电路功能特性，而且可以提前验证所设计的电路是否达到设计指标，以便调整电路参数，满足电路性能的要求，使得集成电路的设计周期缩短。电路仿真的精度在很大程度上是由器件模型决定的，模型精确与否是预测电路性能准确性的关键因素。器件模型贯穿着集成电路整个设计过程包括前端设计、中期调试及后端验证；同时在器件或集成电路制作过程中，根据等效电路模型外围和本征元件参数值可以得到器件的物理工艺参数，用来控制工艺，进而优化制作工艺流程，因此器件模型在电路设计公司和晶圆厂之间起着纽带的作用，如图1.8所示。

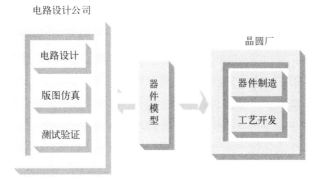

图1.8　器件模型的作用

半导体器件建模就是寻求一种等效电路模型，以便用它来代替元器件进行电路设计和分析。模型应该满足以下条件：

（1）能够真实反映元器件工作时的物理特性；

(2) 在很宽的频带内仍能保证足够的精度；
(3) 在保证精度的前提下，模型参数尽可能少；
(4) 构建的模型参数必须容易提取；
(5) 能够准确预测线性特性和非线性特性等。

器件建模流程图如图 1.9 所示，下面简要介绍建模过程。

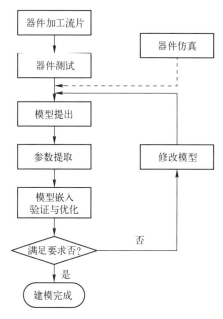

图 1.9　器件建模流程图

（1）器件的流片测试：建模的前提是有实际测试的器件数据，因此需要首先将器件流片制造出来，搭建测试平台，获得建模所需要的各种数据。

（2）模型的构建与参数提取：结合实际测量数据或仿真数据相关特性，提出最符合器件特性的等效电路模型和解析计算式，并提取模型中的拟合参数和物理参数。值得注意的是，在进行数据处理的过程中会涉及去嵌技术和模型参数提取方法的选择。

（3）模型验证：当参数提取完毕后，需要把建好的模型嵌入计算机辅助软件中进行仿真验证，模型在计算机辅助软件中嵌入后，可以将器件测试数据或仿真数据与模型模拟结果进行比较，看两者是否一致、精度是否达到指标要求，如果没有，则需要修改模型，重新提取模型参数，直到测试数据与模型数据的误差值在允许范围之内，至此建模过程结束。

1.5　本书的目标和结构

本书的目标是培养读者对微波射频器件建模和测量进行深入研究和分析的能力。集成电路计算机辅助设计的基础是建立精确的、能反映器件物理特性的半导体器件等效电路模型，这些模型对于提高射频和微波/毫米波单片集成电路设计的成功率、缩短电路研制周期是非常重要的。

本书共分为 6 章，重点介绍硅基射频集成电路用到的无源器件和有源器件的建模方法和参数提取技术。无源器件以片上螺旋电感和变压器为主，有源器件以 MOSFET 器件为主。有源器件建模涉及小信号等效电路模型、大信号非线性等效电路模型和噪声等效电路模型的构建，以及等效电路模型的参数提取技术。

第 1 章主要介绍半导体器件建模的意义。

第 2 章主要介绍常用的片上螺旋电感的物理结构和基本特性，包括标准 CMOS 工艺下的螺旋电感及新型电感，提出片上螺旋电感的模型构建和模型参数提取方法，讨论片上螺旋电感主要物理结构参数对电感量和品质因数的影响。

在射频集成电路设计中，片上变压器可以完成阻抗匹配、反馈、单端到双端的转化等。第 3 章主要介绍典型的片上变压器结构形式，片上变压器的等效电路模型和相应的参数提取方法，分析物理几何参数对交错互绕结构变压器和叠层结构变压器特性的影响。

第 4 章主要介绍 MOSFET 小信号等效电路模型的建模方法与流程，分析了常用的去嵌技术，以及小信号等效电路模型参数提取技术。由于器件测量误差最终将导致模型和参数提取的不准确性，本章还推导了本征参数对 S 参数的灵敏度，并将两者相结合，得到模型参数对 S 参数的不确定度，最终给出了模型参数的不确定度及最佳频率提取范围。

微波射频场效应晶体管的小信号等效电路模型对于理解器件物理结构和预测小信号 S 参数十分有用，但它不能反映相应的射频大信号功率谐波特性。第 5 章首先介绍了常用的 MOSFET 器件非线性电路模型，讨论了保护环对深亚微米 MOSFET 的直流性能和高频性能的影响，推导了一组简单而有效的公式，为具有不同保护环结构的器件 S 参数转换提供了双向计算式。最后对考虑了高频色散效应的 MOSFET 器件大信号模型进行了研究，给出了相应的模型参数提取方法，建立了完整的包括色散效应的大信号等效电路模型，并对模型的精度进行了验证。

半导体器件的噪声模型是设计低噪声电路的基础。为了准确预测和描述半导体器件的噪声性能，第 6 章首先介绍了 MOSFET 器件的噪声等效电路模型及信号和噪声相关矩阵技术，推导了基于噪声模型的噪声参数的表达式，给出了噪声模型参数的提取方法。最后，给出了一种由多个基本单元组成的深亚微米 MOSFET 的可扩展噪声和小信号模型，它可以对从基本单元到多单元大尺寸器件的噪声和小信号模型参数进行精确建模，模拟和测试结果表明，在相同偏置条件下，器件模型参数遵循按比例缩放规则。

参 考 文 献

[1] YTTERDAL T, CHENG Y, FJELDLY T A. Device modeling for analog and RF CMOS circuit design [M]. New York: John Wiley & Sons, Ltd, 2003.

[2] GAO J. RF and microwave modeling and measurement techniques for field effect transistors [M]. Raleigh, NC: SciTech Publishing, Inc., 2010.

[3] GAO J. Optoelectronic integrated circuit design and device modeling [M]. New York: John Wiley, 2010.

[4] LIU W. MOSFET models for SPICE simulation, including BSIM3v3 and BSIM4 [M]. USA: John Wiley & Sons, 2001.

[5] 于盼盼. 90nm MOSFET 晶体管微波建模与参数提取技术研究 [D]. 上海: 华东师范大学, 2018.

[6] 程加力. 射频微波 MOS 器件参数提取与建模技术研究 [D]. 上海: 华东师范大学, 2012.

[7] HAENSCH W, NOWAK E J, DENNARD R H, et al. Silicon CMOS devices beyond scaling [J]. IBM Journal of Research and Development. 2006, 50 (4.5): 339-361.

[8] ANTONIADIS D A, ABERG I, CHLEIRIGH C N, et al. Continuous MOSFET performance increase with device scaling: The role of strain and channel material innovations [J]. IBM Journal of Research and Development. 2006, 50 (4.5): 363-376.

[9] AAEN P H, PLA J A, WOOD J. Modeling and characterization of RF and microwave power FETs [M]. UK: Cambridge University Press, 2007.

第 2 章

片上螺旋电感的射频模型和参数提取

随着对低功耗、低成本及高集成度无线通信系统的需求不断增长,用于射频集成电路的片上无源器件的发展已经成为一个关键科学问题[1,2]。片上无源器件包括电容、电阻、电感、变压器和传输线,无源器件主要用于电路的阻抗匹配、信号的滤波和电源电压的偏置,所有射频集成电路(如低噪声放大器、振荡器、混频器和功率放大器)均需要依赖这些无源器件。

目前射频集成电路所占用的面积受到了无源器件的限制,换言之,由于片上电感的版图面积并不是由 CMOS 工艺的特征尺寸决定的,因此片上电感成为最占面积的半导体器件,片上螺旋电感在集成电路和版图设计中已经变得非常重要。电感在射频微波集成电路中的作用毋庸置疑,尤其在电路匹配方面起着重要的作用,制作高性能的集成电感一直是实现单片全集成电路的重要挑战之一。平面螺旋电感在射频集成电感中使用广泛,不同形状、几何结构和工艺参量都会对电感的工作性能产生影响。随着高性能片上螺旋电感在微波集成电路中需求的增加,建立精确的、能够反映螺旋电感物理特性的等效电路模型对电路设计十分重要。

本章主要介绍射频微波集成电路中常用的片上电感的物理结构、平面螺旋电感的基本特性、片上螺旋电感的模型构建和模型参数提取方法,同时讨论几何结构参数对片上螺旋电感性能的影响,并开展实验测试和仿真设计。

2.1 片上电感的物理结构

在低频模拟电路中,电感主要由漆包线绕制而成(如图 2.1 所示),一种是电感量较小的空心线圈电感,另一种是电感量很大的磁芯电感。半导体收音机的电路板上一般均可以看到磁芯电感。低频电感的主要特点是立体性很强,需要较大的空间,它可以直接焊接在印制电路板(PCB)的表面使用。

与低频应用相比，射频集成电路中电感的形状结构和实现方式发生了很大的变化，表 2.1 对低频电感和射频微波单片电感进行了比较分析，射频微波单片电感的主要问题是品质因数偏小，这给低噪声放大电路设计带来了困难。图 2.2 给出了基于正多边形电感设计的超宽带低噪声放大器电路结构和电路芯片版图[3]，L_B、L_C、L_E 三个电感分别用于异质结晶体管器件基极峰化、集电极峰化和电路匹配。而且从图 2.2 中可以看到 3 个电感占据了芯片面积的一半左右，说明电路需要的电感量较大。图 2.3 给出了基于方形螺旋电感的超宽带低噪声放大器电路结构和电路芯片版图[4]，3 个片上螺旋电感分别用于异质结晶体管器件基极峰化、电压并联反馈和集电极峰化，显然电感占据的芯片面积远比有源器件大得多。图 2.4 给出了基于圆形螺旋电感的电路芯片版图。

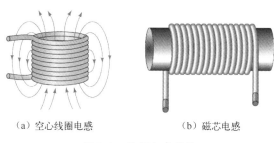

（a）空心线圈电感　　　　　（b）磁芯电感

图 2.1　低频电感结构

表 2.1　低频电感和射频微波单片电感的比较

类型	低频电感	射频微波单片电感
结构	立体结构	平面结构
空间体积	较大	较小
电感数值	大（μH 量级）	小（nH 量级）
品质因数	较大（几百）	较小（几十）
贴装方式	表面焊接	多层金属层

平面螺旋电感主要分为对称和非对称（单端）两种结构。图 2.5 给出了非对称平面螺旋电感结构，图 2.5（a）、（b）、（c）和（d）分别为四边形结构、六边形结构、八边形结构和圆形结构。电感设计中常用的典型几何参数有外径 D_{out}、内径 D_{in}、线宽 W、圈数 n 和线间距 S。一般来说，随着电感边数的增多，其特性也会得到改善，因此最理想的结构为圆形结构。在几何参数一定的情况下，圆形结构的自谐振频率比四边形结构要高，且电阻损耗较小，品质因数较高。但从流片的角度来说，制作具有弧形线条的掩模版通常比较困难，所以边数越多越难实现，只能采用 16 边形电感、32 边形电感等来近似圆形电感的性能。

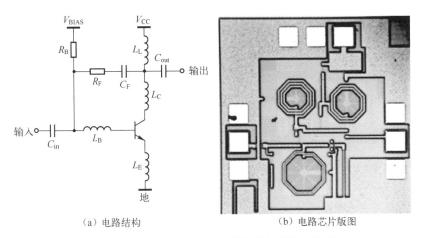

（a）电路结构　　　　　　　（b）电路芯片版图

图 2.2　基于正多边形电感设计的超宽带低噪声
放大器电路结构和电路芯片版图

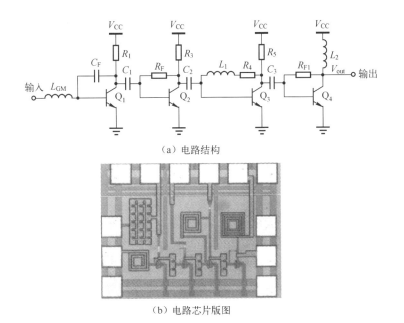

（a）电路结构

（b）电路芯片版图

图 2.3　基于方形螺旋电感的超宽带低噪声放大器电路结构和电路芯片版图

图 2.6 给出了对称平面螺旋电感的结构，除各个半圈之间的交叉区域外，其版图几乎是完全对称的，因此电感的两个端口呈现相同的特性。在对称电感的最内圈中点处引出一个抽头，便可以作为差分电感使用。差分电感就是将两个相同的螺旋电感缠绕在一起，这样增加了两个对称电感之间的磁场耦合，所以具有较高的电感值。

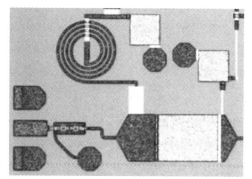

图2.4 基于圆形螺旋电感的电路芯片版图

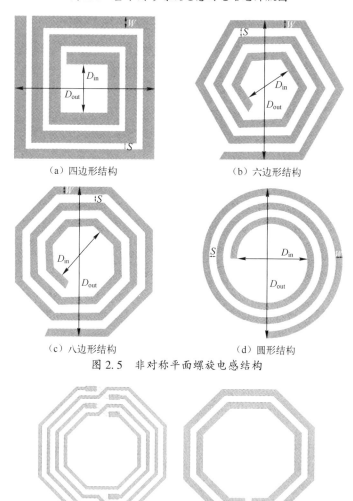

（a）四边形结构　　　　　　　　（b）六边形结构

（c）八边形结构　　　　　　　　（d）圆形结构

图2.5 非对称平面螺旋电感结构

图2.6 对称平面螺旋电感结构

片上电感需要利用上下两层金属进行连接,如图 2.7 所示,当然也会带来额外的上下层金属线之间的电容耦合[2]。如果电感量很小,如在 100pH 以下,可以采用微带线、半圈方形或圆形螺旋电感实现,在这种情况下,就不需要再利用上下两层金属进行连接了,这在工艺上很容易实现,如图 2.8 所示。

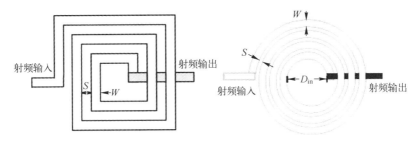

图 2.7 电感的端子连接

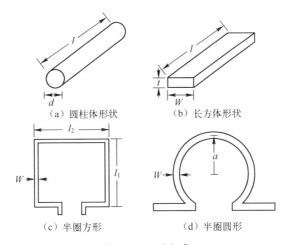

图 2.8 小型电感

2.2 平面螺旋电感的基本特性

片上螺旋电感在实际工作中会受到多种电磁效应的影响,导致器件的电磁损耗,从而降低电感的工作性能,因此金属线圈间及线圈与介质层和衬底之间的电磁损耗分析非常重要。图 2.9 给出了传统片上螺旋电感的电磁效应和损耗机理示意图[5-7]。

片上螺旋电感的损耗主要包括两部分:金属损耗和衬底损耗。金属损耗主要指金属线圈本身的损耗,以及由金属线圈和导线之间的相互作用导致的损耗(主

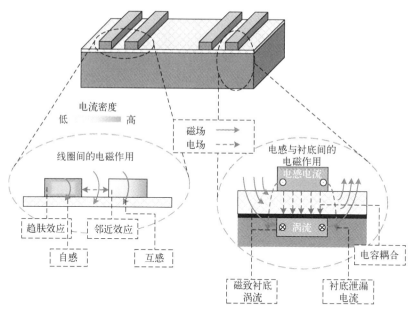

图 2.9　传统片上螺旋电感的电磁效应和损耗机理示意图

要涉及导线的趋肤效应和邻近效应)。在高频时,由于涡流电流的存在,会出现导体电流密度分布不均的现象,高频电流会趋向于在导体的表面流动,这种现象称为趋肤效应,趋肤效应会导致导体的交流电阻大于直流电阻,导致损耗的增加。邻近效应发生在螺旋电感相邻的金属导线之间,如图 2.10 所示。两段导线分别受到对方磁场的影响,在导体中产生涡流,并对整体的电流分布产生影响,使得导线的交流电阻增加,损耗增大。在趋肤效应和邻近效应的共同影响下,金属线圈在高频工作情况下的损耗会导致整个电感器件的品质因数下降。

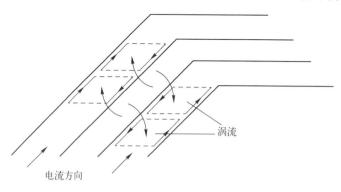

图 2.10　螺旋电感两段导线的邻近效应示意图

衬底损耗主要包括:
(1) 金属线圈的磁场变化导致了衬底的涡流,从而引起衬底的电阻损耗;
(2) 线圈在衬底中的泄漏电流导致的损耗;
(3) 由金属导线及多层结构衬底形成的电容可以传导位移电流,电流流过衬底,从而带来的损耗。

为了减小衬底损耗,设计片上电感时会采用电阻率较高的衬底。例如在 CMOS 工艺中,衬底的电阻率较低,因此衬底的涡流损耗在所有损耗中占主要部分,品质因数较低;在 BiCMOS 工艺中,衬底的电阻率较高,涡流损耗很小,这样品质因数会比较高。

2.3 片上螺旋电感的等效电路模型

为了能够准确表征片上螺旋电感的物理性能,加深研究人员对器件的理解,开发相应的等效电路模型显得尤为重要[8,9]。图 2.11(a)给出了硅基片上螺旋电感的传统 π 型等效电路模型立体图,该模型属于分布式模型,线圈之间存在耦合电容,线圈和衬底之间存在耦合。图 2.11(b)给出了简化的 π 型等效电路模

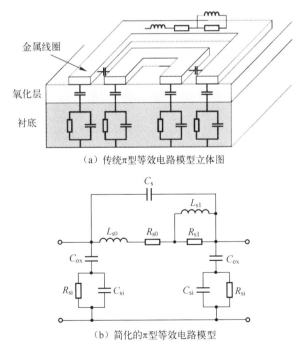

(a) 传统 π 型等效电路模型立体图

(b) 简化的 π 型等效电路模型

图 2.11 传统 π 型等效电路模型立体图和简化的 π 型等效电路模型

型，该模型由三部分构成：串联支路，包括电感 L_{s0}、电阻 R_{s0}、电阻 R_{s1}、电感 L_{s1} 和电容 C_s；两条并联支路，包括电容 C_{ox}、电阻 R_{si} 和电容 C_{si}。其中，电感 L_{s0} 和电阻 R_{s0} 分别代表螺旋线圈的串联电感和损耗电阻，电感 L_{s1} 和电阻 R_{s1} 的并联支路用来表征电感金属线的趋肤效应。电容 C_s 代表两端口的容性耦合，电容 C_{ox} 表示电感线圈与衬底之间的寄生电容，电阻 R_{si} 和电容 C_{si} 分别为硅衬底的电阻和电容。

根据频率的变化，可以将硅基片上螺旋电感的本征电感值分为三个不同的区域，如图 2.12 所示。

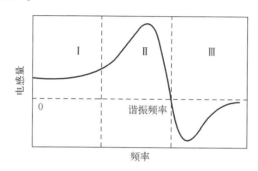

图 2.12　硅基片上螺旋电感值随频率变化的特性

Ⅰ．工作区域：此区域是人们需要用到的螺旋电感有实际意义的工作区域，本征电感值基本不随频率的变化而变化。

Ⅱ．电感波动的区域：在此区域，随着频率的增大，本征电感值先迅速增大而后迅速减小，并且逐渐由正值变为零。通常把本征电感值第一次变为零的频率点称为第一自谐振点。在第一自谐振点后，电感值就为负值了，此时也意味着电感已经变成电容了。

Ⅲ．电感的容性区域：此区域为电感呈现电容特性的区域，电感品质因数为零。

简化 π 型等效电路模型的应用频段范围为从低频段到第一自谐振频率点左右，这样的单 π 模型存在很明显的缺点，就是没有考虑高频情况下线圈之间的邻近效应，双 π 模型弥补了传统的单 π 模型在高频建模过程中的不足[8]。如图 2.13 所示，双 π 模型可以看作两个单 π 模型级联起来构成的。通过增加一个中间接地支路（C-R-C 三个元件构成的子电路），可以很好地表征电感的分布效应。由于中间的接地支路，从模型的拓扑结构看，整个电路网络被分成相对独立的两个部分。所以，双 π 模型在拟合电感两个端口的特性时较为方便，这个优点在电感的不对称性显著时尤为重要。

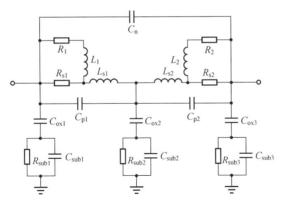

图 2.13 双 π 等效电路模型

T 模型相对于单 π 模型和双 π 模型具有更简洁的拓扑结构，并且具有相当大的拟合带宽[9]。如图 2.14 所示，该模型用电阻 R_{sub} 和电容 C_{sub} 来表征衬底损耗，此外，为了表征由衬底损耗回路引起的电感线圈的导体损耗，该模型引入了电阻 R_p，这使得拟合品质因数 Q 的峰值更加精准。

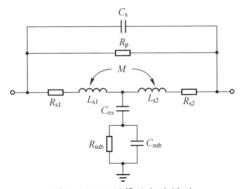

图 2.14 T 型等效电路模型

表 2.2 总结了上述 3 种等效电路模型的优缺点：单 π 模型虽然拓扑结构简单，但是未将各种寄生效应的影响列入其中；双 π 模型的精度很高，但是拓扑结构较为复杂，而且有导致较大误差的奇点；T 模型虽然拓扑结构相对简单，但是精度不高。

表 2.2 3 种片上螺旋电感等效电路模型比较

模 型	拓 扑 结 构	精 度	参 数 提 取
单 π 模型	简单	中等	容易
双 π 模型	复杂	高	困难
T 模型	简单	中等	容易

2.4 八边形平面螺旋电感

本节主要对常用的八边形平面螺旋电感模型参数的确定方法进行讨论，结合解析方法和传统经验优化方法来获取模型参数，从解析式中得出的模型参数将被作为一个后续优化过程的初始假设，经过优化过程得出最终的模型参数，同时给出了片上螺旋电感值的缩放规则，该规则对于预测大尺寸片上电感数值是很有用的[11-13]。

电感的等效电路模型主要分为 T 模型和 π 模型，一个能够预测电感性能和评估工艺技术的模型是很有价值的。由于模型的精度还取决于模型参数的提取，因此一个能够准确提取模型参数的方法对于优化片上电感的器件性能是至关重要的。模型参数通常有直接提取方法和优化方法两种获取方式，但是优化方法需要大量的计算资源和适当的初始假设来取得准确的收敛解，此外，获得的模型参数很难具有物理意义；而解析方法则可以直接提取等效电路的模型参数，并且所提取的模型参数有对应的物理意义。然而，应注意的是，直接提取的模型参数相对于频率存在细微的波动，这就使确定模型参数的最优数值变得很困难，因此还需要进一步的优化。

通过使用当今主流硅制造工艺提供的多层金属互连就可以在硅基板上构建螺旋电感，最少需要两个金属层来构建基本的螺旋线圈，还需要一个用于将线圈的内部端子返回到外部的地下通道。最常见的实现方法是用顶层金属来构建电感的主要部分，并通过使用较低层的金属实现的交叉底线来提供与螺旋中心的连接。这种布局方式基于非常实际的考虑：一般来说，集成电路中顶层的金属通常最厚，因此其电阻损耗也是最小的。图 2.15 给出了多圈螺旋电感的俯视图，电感的侧向结构是由其主要物理尺寸定义的，如圈数、线宽、线厚度和内径（R）等。

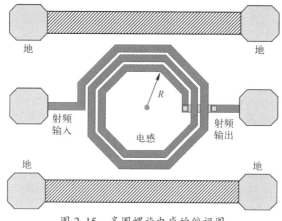

图 2.15　多圈螺旋电感的俯视图

2.4.1 开路和短路测试结构及模型

焊盘寄生效应（焊盘电容和衬底损耗）是通过测试一个只包含焊盘的开路结构确定的。通常将这个开路测试结构的模型等效成一个 RC-π 型的电容网络。图 2.16 给出了开路测试结构的版图及等效电路模型。

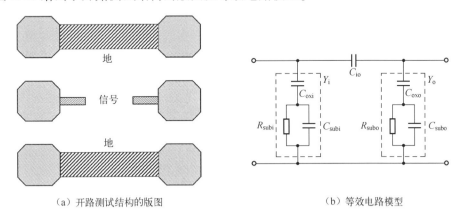

（a）开路测试结构的版图　　　　（b）等效电路模型

图 2.16　开路测试结构的版图和等效电路模型

电容 C_{oxi} 和 C_{oxo} 分别表示金属部分和硅衬底之间的氧化层电容，C_{subi} 和 C_{subo} 分别为输入、输出端口衬底电容，R_{subi} 和 R_{subo} 为衬底电阻，这些模型参数均可以通过测试仅由焊盘组成的开路结构确定。

在低频段，氧化层电容和衬底电阻可以通过以下公式确定：

$$C_{oxi} = -\frac{1}{\omega \mathrm{Im}\left(\dfrac{1}{Y_{11}^o + Y_{12}^o}\right)} \tag{2.1}$$

$$C_{oxo} = -\frac{1}{\omega \mathrm{Im}\left(\dfrac{1}{Y_{22}^o + Y_{12}^o}\right)} \tag{2.2}$$

$$C_{io} = -\frac{\mathrm{Im}(Y_{12}^o)}{\omega} \tag{2.3}$$

$$R_{subi} = \mathrm{Re}\left(\frac{1}{Y_{11}^o + Y_{12}^o}\right) \tag{2.4}$$

$$R_{subo} = \mathrm{Re}\left(\frac{1}{Y_{22}^o + Y_{12}^o}\right) \tag{2.5}$$

在高频段，衬底电容可以通过以下公式确定：

$$C_{subi} = \frac{1}{\omega} \mathrm{Im}\left\{1 \Big/ \left[\frac{1}{Y_{11}^o + Y_{12}^o} - \frac{1}{j\omega C_{oxi}}\right]\right\} \tag{2.6}$$

$$C_{\text{subo}} = \frac{1}{\omega}\text{Im}\left\{1 \Big/ \left[\frac{1}{Y_{22}^o + Y_{12}^o} - \frac{1}{j\omega C_{\text{oxo}}}\right]\right\} \tag{2.7}$$

上述公式中的上标 o 代表开路测试结构，ω 表示角频率，Re 表示取该数的实部，Im 表示取该数的虚部。

寄生元件的馈线阻抗可以通过测量一个短路结构的网络参数获得，图 2.17 给出了短路测试结构和等效电路模型，图中的 L_i、L_o 和 L_s 表示馈线电感，R_i、R_o 和 R_s 表示馈线的损耗。短路测试结构等效电路模型通常采用一个由串联电阻和电感构成的 T 型网络。馈线电感和损耗可以通过短路测试结构的 Z 参数直接确定：

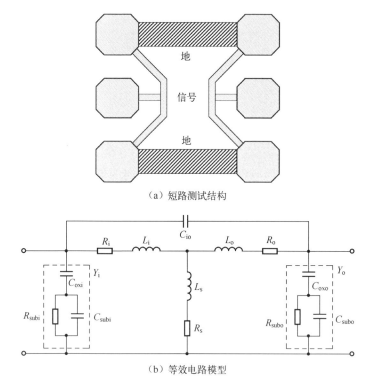

图 2.17 短路测试结构和等效电路模型

$$L_s = \frac{1}{\omega}\text{Im}(Z_{12}^s) = \frac{1}{\omega}\text{Im}(Z_{21}^s) \tag{2.8}$$

$$L_i = \frac{1}{\omega}\text{Im}(Z_{11}^s - Z_{12}^s) \tag{2.9}$$

$$L_o = \frac{1}{\omega}\text{Im}(Z_{22}^s - Z_{21}^s) \tag{2.10}$$

$$R_{\text{i}} = \text{Re}(Z_{11}^{\text{s}} - Z_{12}^{\text{s}}) \tag{2.11}$$

$$R_{\text{o}} = \text{Re}(Z_{22}^{\text{s}} - Z_{12}^{\text{s}}) \tag{2.12}$$

$$R_{\text{s}} = \text{Re}(Z_{12}^{\text{s}}) = \text{Re}(Z_{21}^{\text{s}}) \tag{2.13}$$

上述公式中的上标 S 表示短路测试结构。

2.4.2 本征等效电路模型

图 2.18 给出了八边形片上螺旋电感的等效电路模型，虚线框内为本征基本单元，L_0 表示本征电感，R_1 表示损耗电阻，电阻 R_2 和电感 L_1 的并联结构用来模拟趋肤效应。基本单元的 Y 参数可以表示为：

$$1/Y_{\text{int}} = R_1 + j\omega L_0 + \frac{j\omega R_2 L_1}{R_2 + j\omega L_1} \tag{2.14}$$

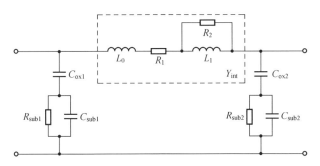

图 2.18 八边形片上螺旋电感的等效电路模型

在低频段，电感 L_0 和 L_1 之和可以通过 $1/Y_{\text{int}}$ 的虚部获得：

$$L_{\text{t}} = L_0 + L_1 = \frac{\text{Im}(1/Y_{\text{int}})}{\omega} \tag{2.15}$$

电阻 R_1 可以由 $1/Y_{\text{int}}$ 的实部确定：

$$R_1 = \text{Re}(1/Y_{\text{int}}) \tag{2.16}$$

削去 $R_1 + j\omega(L_0 + L_1)$ 后可以得到：

$$1/Y_{\text{int}}' = 1/Y_{\text{int}} - R_1 - j\omega(L_0 + L_1) = \frac{\omega^2 L_1^2}{R_2 + j\omega L_1} \tag{2.17}$$

这样电阻 R_2 和电感 L_1 可以由下面的公式直接确定：

$$1/R_2 = \frac{|1/Y_{\text{int}}'|}{\omega^2 k^2} \sqrt{1 + \omega^2 k^2} \tag{2.18}$$

$$L_1 = kR_2 \tag{2.19}$$

这里：

$$k = \frac{L_1}{R_2} = -\frac{\text{Im}(1/Y'_{\text{int}})}{\omega \text{Re}(1/Y'_{\text{int}})}$$

由于本征基本单元在整个模型中占主导地位，而衬底效应模型元件不能直接通过解析式确定，所以需要后续优化。因此上述方法可以被视为一个后续优化过程的最初假设，通过该过程可以得到最终的模型参数。

2.4.3 电感测试版图

下面利用一组实际片上螺旋电感来举例验证 2.4.2 节所述的模型参数提取方法，这些电感是基于标准 0.13μm RF CMOS 工艺加工制作的[10]。片上螺旋电感设计的圈数为 0.5、1.5 和 2.5 圈，内径为 20μm、30μm、40μm 和 50μm，金属线间距为 2μm，金属线宽度为 8μm。使用 Agilent E8363C 网络分析仪进行 S 参数测试，测量的频率范围为 0.5～40GHz。图 2.19～图 2.22 分别给出了内径为 20μm、30μm、40μm 和 50μm 的八边形电感物理测试结构。图 2.23 给出了射频 S 参数测试中的八边形电感（包括探针和焊盘）。

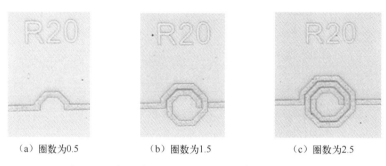

(a) 圈数为0.5　　　(b) 圈数为1.5　　　(c) 圈数为2.5

图 2.19　内径为 20μm 的八边形电感物理测试结构

(a) 圈数为0.5　　　(b) 圈数为1.5　　　(c) 圈数为2.5

图 2.20　内径为 30μm 的八边形电感物理测试结构

  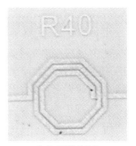

（a）圈数为0.5　　　　　（b）圈数为1.5　　　　　（c）圈数为2.5

图 2.21　内径为 40μm 的八边形电感物理测试结构

  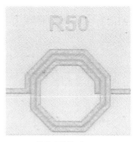

（a）圈数为0.5　　　　　（b）圈数为1.5　　　　　（c）圈数为2.5

图 2.22　内径为 50μm 的八边形电感物理测试结构

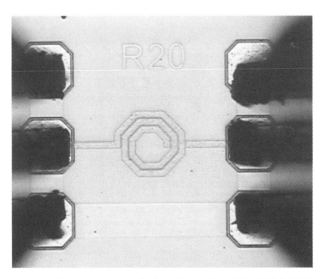

图 2.23　射频 S 参数测试中的八边形电感（包括探针和焊盘）

2.4.4 电路模型参数提取

图 2.24 和图 2.25 分别给出了氧化层电容和衬底电阻的提取结果,由图可以看出,在宽频段范围内得到了相对稳定的数值。图 2.26 给出了馈线电感的提取结果,可以发现电感 L_i 和 L_o 非常接近并且远远大于 L_s,符合输入/输出馈线比较长的物理意义。所提取的模型元件相对于频率存在微小的波动,因此由开路-短路测试结构提取的模型参数可以被用作优化过程的最初假设,优化过程既可以使用商用电路仿真软件实现,也可以自编程序完成。表 2.3 总结了最终提取的寄生参数列表,图 2.27 给出了开路和短路测试结构 S 参数的模拟和测试结果对比曲线,开路-短路测试结构的模拟值和测量值在整个频率范围内取得了良好的一致性,误差小于 5%。

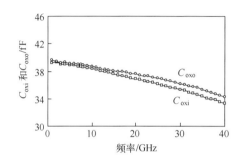

图 2.24 氧化层电容的提取结果

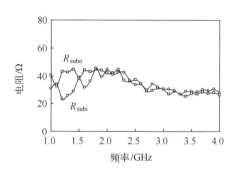

图 2.25 衬底电阻的提取结果

表 2.3 寄生参数提取结果

元 件	参 数	数 值
焊盘	C_{oxi}/fF	39
	C_{oxo}/fF	39.5
	C_{io}/fF	0.4
	R_{subi}/Ω	35
	R_{subo}/Ω	32
	C_{subi}/fF	130
	C_{subo}/fF	200
馈线	L_i/pH	40
	L_o/pH	38
	L_s/pH	1.2

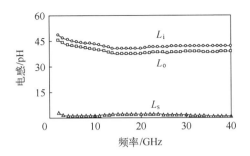

图 2.26 馈线电感的提取结果

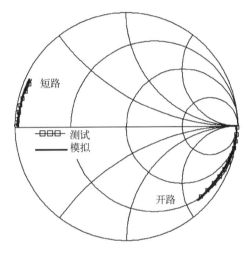

图 2.27 开路和短路测试结构 S 参数模拟和测试结果对比曲线

图 2.28 给出了 L_0+L_1 的提取结果随频率变化的曲线。图 2.29 给出了 k 值和电阻 R_2 的提取结果随频率变化的曲线。以直接利用公式提取获得的模型元件参数为初始数值，进一步优化获得最终的模型参数。表 2.4~表 2.6 总结了一组八边形螺旋电感的模型参数，由表中可以看到，最小圈数的电感可以作为一个基本单元，而大尺寸螺旋电感的电感值缩放规则可以表示为：

$$L_0+L_1 = \frac{R}{20}\left(1+\frac{R-20}{40}\right)ML_c \qquad (2.20)$$

式中

$$M = \begin{cases} 1 & n = 0.5 \\ 2n-1 & n \geqslant 1 \end{cases}$$

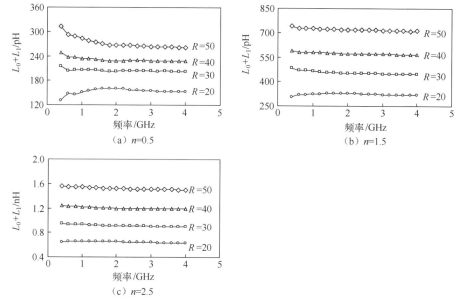

图 2.28 L_0+L_1 的提取结果随频率变化曲线（n 为圈数）

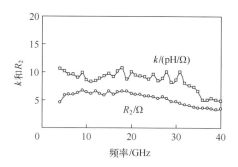

图 2.29 k 值和电阻 R_2 的提取结果随频率变化曲线

表 2.4 圈数为 0.5 的八边形螺旋电感模型参数

$n=0.5$	$R=20\mu m$	$R=30\mu m$	$R=40\mu m$	$R=50\mu m$
L_0/pH	120	160	180	220
L_1/pH	40	50	50	60
R_1/Ω	0.2	0.3	0.4	0.5
R_2/Ω	5	5	6	6
C_{ox1}/fF	8	10	12	14
C_{ox2}/fF	8	10	12	14

续表

$n=0.5$	$R=20\mu m$	$R=30\mu m$	$R=40\mu m$	$R=50\mu m$
C_{sub1}/fF	2	10	30	50
C_{sub2}/fF	2	10	30	50
R_{sub1}/Ω	400	120	100	60
R_{sub2}/Ω	400	120	100	60

表 2.5　圈数为 1.5 的八边形螺旋电感模型参数

$n=1.5$	$R=20\mu m$	$R=30\mu m$	$R=40\mu m$	$R=50\mu m$
L_0/pH	280	390	510	650
L_1/pH	50	50	60	70
R_1/Ω	0.3	0.4	0.5	0.6
R_2/Ω	5	5	6	6
C_{ox1}/fF	10	14	16	19
C_{ox2}/fF	10	15	17	20
C_{sub1}/fF	5	30	50	70
C_{sub2}/fF	5	30	50	70
R_{sub1}/Ω	400	120	100	60
R_{sub2}/Ω	400	120	100	60

表 2.6　圈数为 2.5 的八边形螺旋电感模型参数

$n=2.5$	$R=20\mu m$	$R=30\mu m$	$R=40\mu m$	$R=50\mu m$
L_0/pH	630	860	1140	1420
L_1/pH	30	40	60	80
R_1/Ω	0.4	0.5	0.6	0.7
R_2/Ω	3	4	5	6
C_{ox1}/fF	15	19	23	26
C_{ox2}/fF	15	20	23	26
C_{sub1}/fF	10	80	120	150
C_{sub2}/fF	10	80	120	150
R_{sub1}/Ω	400	120	80	60
R_{sub2}/Ω	400	120	80	60

图 2.30~图 2.32 给出了 0.5~40GHz 频率范围内不同尺寸的八边形螺旋电感的 S 参数模拟和测试结果对比曲线，模拟结果和测试结果吻合。

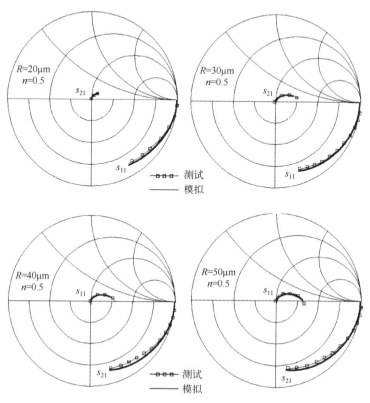

图 2.30　4 个不同尺寸的八边形螺旋电感的 S 参数模拟和测试结果对比曲线（圈数为 0.5）

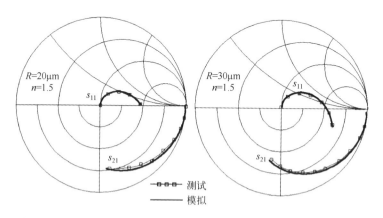

图 2.31　4 个不同尺寸的八边形螺旋电感的 S 参数模拟和测试结果对比曲线（圈数为 1.5）

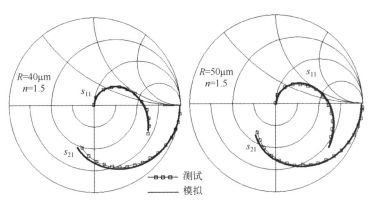

图 2.31 4 个不同尺寸的八边形螺旋电感的 S 参数模拟和测试结果对比曲线（圈数为 1.5）（续）

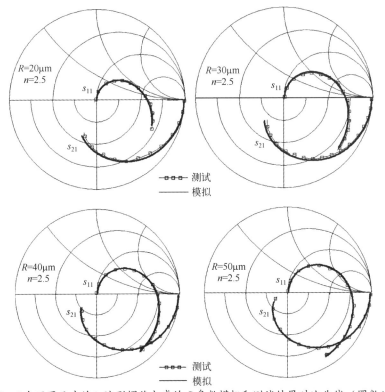

图 2.32 4 个不同尺寸的八边形螺旋电感的 S 参数模拟和测试结果对比曲线（圈数为 2.5）

2.5 三维电感

在标准 CMOS 工艺中实现的平面螺旋电感具有两个难以克服的缺点：第一是

电感量低，元件尺寸大，导致电感量密度（电感量和所占面积的比）低。其次，多种损耗导致较低的品质因数。因此，平面螺旋电感仍然难以适应高性能、紧凑且低成本的射频片上系统设计。平面螺旋电感和分立的磁芯电感不同，磁通量低且所占面积较大，而且金属层的厚度和线宽受到工艺的限制，会转化为较大的串联电阻。另外，较大的螺旋形的几何形状也会导致巨大的能量耗散到导电基板，一般情况下，平面螺旋电感的电感量密度约为 $100nH/mm^2$。因此，在标准 CMOS 工艺中实现高质量因子的片上螺旋电感器是 CMOS 射频电路研究的主要挑战之一。为了使基板损失最小，基板应该具有高电阻率，或者通过微加工技术完全蚀刻掉。

2.5.1 三维电感的物理结构

在硅基板上形成的三维（3D）多层片上电感技术是一种有吸引力的解决方案[11-13]。堆叠的微型 3D 电感使用多个金属层，以期占用较小的面积来实现所需的电感量。多层片上电感的准确建模和模型参数提取技术对于优化器件性能和理解器件物理机制极为重要，平面螺旋电感的等效电路模型已用于预测低频范围内的 3D 多层片上电感，但是这些模型均基于仅由一个金属层构成的平面结构，并不适用于由多个金属层组成的垂直结构。此外，已发现这些模型在 3D 多层片上电感高频范围内的精度不能让人满意，主要原因是常规模式中未考虑通孔与馈线的分布效应。换句话说，必须改进这些模型以适应立体结构的需要。

为了克服现有模型的局限性，本节介绍一种用于 3D 多层片上电感的等效电路模型[14,15]，并给出了提取模型参数的半解析方法。此方法具有以下优点：

(1) 单层螺旋电感被视为基本单元，整个模型由多个基本单元组成；

(2) 考虑了用于将底层的金属板连接到焊盘通孔的分布效应；

(3) 无须使用任何短路测试结构，可以根据器件的 S 参数直接确定模型参数的初始值。

所研究的片上 3D 电感由使用 $0.18\mu m$ 标准 CMOS 工艺技术制造，包括六层金属，图 2.33 给出了包含六层金属的片上电感的版图布局和输入/输出焊盘的连接方式。堆叠式电感由不同金属层中的串联螺旋电感组成。通常，不同金属层中的每个螺旋电感可以具有相同或不同的圈数，并且导线从顶部金属层向下缠绕到底部金属层。为了实现如图 2.33 所示的堆叠式螺旋电感，图 2.34 给出了多层电感制作工艺，需要开发 CMOS 后端处理模块：先在六层金属间的电介质中预制垂直堆叠电感，然后通过深反应离子刻蚀线圈区域中的钝化层和金属间电介质，最后采用后 CMOS 工艺暴露金属螺旋线。图 2.35 给出了器件的扫描电镜图[14]。

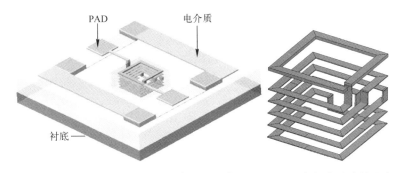

图 2.33 包含六层金属的片上电感的版图布局和输入/输出焊盘的连接方式

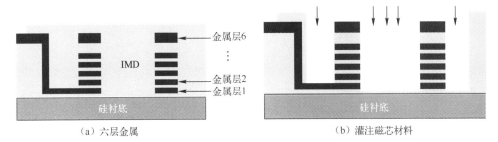

（a）六层金属　　　　　　　　　　（b）灌注磁芯材料

图 2.34 多层电感制作工艺

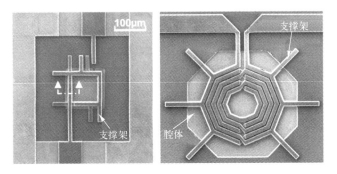

图 2.35 器件的扫描电镜图

2.5.2　三维电感的等效电路模型

图 2.36 给出了由多个基本单元组成的 3D 多层片上电感的等效电路模型，其中 C_{io} 表示输入/输出焊盘之间的隔离电容，因为其值非常小（一般情况下小于 1fF），对器件频率响应影响很小，因此可以忽略不计。C_{ox1} 和 C_{ox2} 表示金属层和硅衬底之间的氧化层电容，C_{sub1}、C_{sub2}、R_{sub1} 及 R_{sub2} 为描述衬底耦合的电容和电阻，电感 L_{via} 用于描述第一层金属和第二层金属之间的通孔分布效应。本征基本

单元由电感 L_C^j、电阻 R_C^j 及耦合电容 C_C^j 构成，j 是基本单元的序数。值得注意的是，由于不同金属层中的每个螺旋电感可以有不同的圈数，因此每个基本单元的模型参数可以不同。与传统模型相比，由于考虑了通孔和馈线分布效应的影响，因此该模型的拓扑结构是不对称的，馈线用于将测试端口连接到输入端口的最里层抽头。该等效电路模型可以分为内外两部分，即外部仅包含焊盘寄生效应和通孔电感，内部则包含 n 个基本单元（n 为金属层数）。

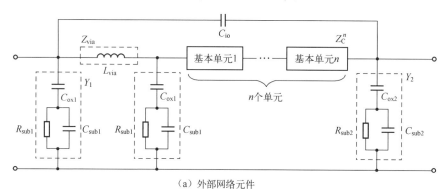

图 2.36 3D 多层片上电感等效电路模型

如果每一层电感都具有相同的圈数，则有：

$$L_C = L_C^1 = L_C^2 = \cdots = L_C^n \tag{2.21}$$

$$R_C = R_C^1 = R_C^2 = \cdots = R_C^n \tag{2.22}$$

$$C_C = C_C^1 = C_C^2 = \cdots = C_C^n \tag{2.23}$$

这样一来，图 2.36 所示的等效电路模型可以简化为图 2.37，总的电感、电阻和电容分别为 nL_C、nR_C 和 C_C/n。

相应的短路 Y 参数可以表示为：

$$Y_{11} = Y_1 + \frac{Y_1 + 1/nZ_C}{1 + (Y_1 + 1/nZ_C) Z_{via}} \tag{2.24}$$

$$Y_{12} = Y_{21} = \frac{-1/nZ_C}{1 + (Y_1 + 1/nZ_C) Z_{via}} \tag{2.25}$$

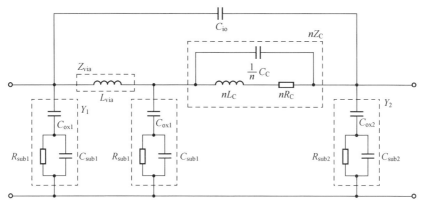

图 2.37 简化的等效电路模型

$$Y_{22} = \frac{Y_2 + 1/nZ_C}{1+(Y_1+1/nZ_C)Z_{via}} \quad (2.26)$$

式中：

$$Y_1 = \frac{1}{\dfrac{1}{j\omega C_{ox1}} + \dfrac{R_{sub1}}{1+j\omega R_{sub1}C_{sub1}}}$$

$$Y_2 = \frac{1}{\dfrac{1}{j\omega C_{ox2}} + \dfrac{R_{sub2}}{1+j\omega R_{sub2}C_{sub2}}}$$

$$Z_C = \frac{1}{j\omega C_C + \dfrac{1}{R_C + j\omega L_C}}$$

2.5.3 三维电感的模型参数提取

下面介绍三维电感的模型参数提取过程，首先本征基本单元总电阻 nR_C 可以由 $-1/Y_{21}$ 的实部确定：

$$nR_C = \mathrm{Re}\left(-\frac{1}{Y_{21}}\right) \quad (2.27)$$

本征基本单元总的电感 $L_{via}+nL_C$ 可以由 $-1/Y_{12}$ 的虚部在低频情况下确定：

$$L_{via}+nL_C = \frac{1}{\omega}\mathrm{Im}\left(-\frac{1}{Y_{12}}\right) \quad (2.28)$$

式中，n 为本征基本单元的数目，ω 为角频率。

氧化层电容 C_{ox1} 和 C_{ox2} 由 $-1/(Y_{11}+Y_{12})$ 和 $-1/(Y_{22}+Y_{12})$ 的虚部在低频情况下

确定：

$$C_{ox1} \approx -\frac{1}{\omega \mathrm{Im}\left(\dfrac{2}{Y_{11}+Y_{12}}\right)} \quad (2.29)$$

$$C_{ox2} \approx -\frac{1}{\omega \mathrm{Im}\left(\dfrac{1}{Y_{22}+Y_{12}}\right)} \quad (2.30)$$

衬底电阻 R_{sub1} 和 R_{sub2} 可以由下面的公式估计：

$$R_{sub1} \approx 2\mathrm{Re}\left(\frac{1}{Y_{11}+Y_{12}}\right) \quad (2.31)$$

$$R_{sub2} \approx \mathrm{Re}\left(\frac{1}{Y_{22}+Y_{12}}\right) \quad (2.32)$$

衬底电容 C_{sub1} 和 C_{sub2} 可以由下面的公式估计：

$$C_{sub1} \approx \mathrm{Im}\left(\frac{1}{\dfrac{2\omega}{Y_{11}+Y_{12}}+\mathrm{j}\dfrac{1}{C_{ox1}}}\right) \quad (2.33)$$

$$C_{sub2} \approx \mathrm{Im}\left(\frac{1}{\dfrac{\omega}{Y_{22}+Y_{12}}+\mathrm{j}\dfrac{1}{C_{ox2}}}\right) \quad (2.34)$$

耦合电容 C_C 可以利用平板电容公式确定：

$$C_C \approx \varepsilon \frac{W_C L_C}{D} \quad (2.35)$$

式中，ε 为介电常数，D 为两层金属层之间介质的厚度，W_C 和 L_C 分别为金属线圈的宽度和厚度。

两层金属间圆柱通孔的高度大约有几微米，远远小于工作波长的十分之一，因此其电感量 L_{via} 可以由微带线的计算公式来估计：

$$L_{via} \approx \frac{Z_o L}{c/\sqrt{\varepsilon}} \quad (2.36)$$

式中，c 为自由空间光的速度，Z_o 为馈线的特性阻抗，L 为馈线长度和圆柱通孔高度之和。

图 2.38 给出了电感 $L_{via}+nL_C$ 和本征电阻 R_C 在低频情况下的提取结果，从图中可以看到，在 0.1～2.0GHz 的频段范围内几乎为常数。图 2.39 给出了衬底电阻 R_{sub1} 和 R_{sub2} 的提取结果，从图中可以看到，输入/输出端口的衬底电阻很接近。

表 2.7 给出了提取的模型参数，其中第一列数值为直接提取结果，第二列数

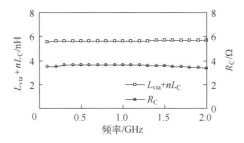

图 2.38　电感 $L_{via}+nL_C$ 和本征电阻 R_C 在低频情况下的提取结果

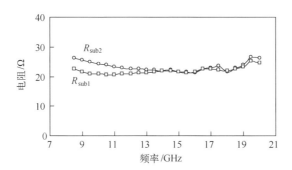

图 2.39　衬底电阻 R_{sub1} 和 R_{sub2} 的提取结果

值为进一步优化的结果。图 2.40 给出了 10MHz～20GHz 频段 S 参数模拟和测试对比曲线，可以看出，模拟结果和测试结果吻合得很好。图 2.41 给出了 10MHz～20GHz 频段 S 参数精度对比曲线，可以发现和传统模型相比，本文所提出模型 S_{11} 的精度在高频范围内得到了较大的改善。

表 2.7　三维电感模型参数

参　　数	数值（直接提取）	数值（优化后）
L_{via}/nH	0.2	0.35
L_C/nH	0.9	0.87
C_C/fF	30	35
R_C/Ω	3.5	3.5
C_{ox1}/pF	0.12	0.12
C_{ox2}/pF	0.40	0.36
R_{sub1}/Ω	21	18
R_{sub2}/Ω	22	25
C_{sub1}/pF	0.0	0.05
C_{sub2}/pF	0.2	0.22

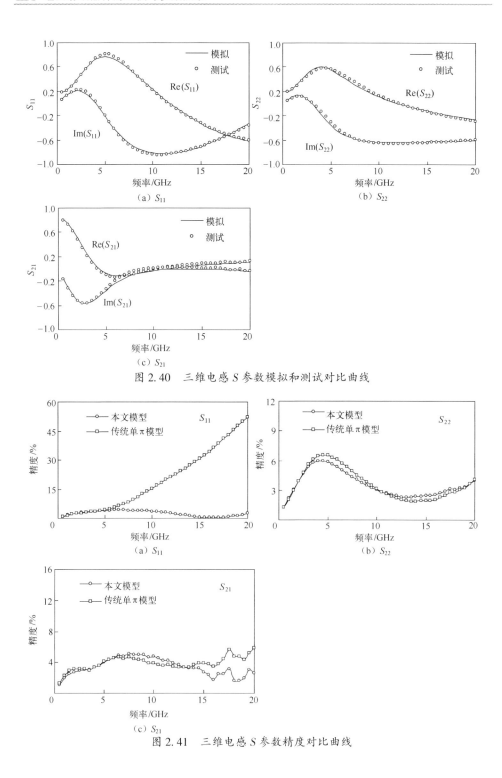

图 2.40 三维电感 S 参数模拟和测试对比曲线

图 2.41 三维电感 S 参数精度对比曲线

2.6 石墨烯片上螺旋电感

石墨烯是一种蜂窝状结构的二维单原子晶体，它是自然界中迄今所知最薄的材料之一，也是强度和硬度最高的晶体结构之一。由于其诸多优异的特性，石墨烯有望取代半导体集成电路中的传统硅和铜等金属互连材料，用以构造全碳微纳电子器件和电路。

石墨烯作为新型材料可应用于片上螺旋电感，用石墨烯制作的电感和传统金属电感具有不同的性能，本节针对石墨烯片上螺旋电感提出了一种改进的等效电路模型。同时针对这一模型，结合分析法和优化法，提出了一种适用的模型参数提取方法[16,17]。

2.6.1 石墨烯片上螺旋电感的制备与测试

石墨烯片上螺旋电感的制备流程示意图如图 2.42 所示[16]。图 2.43 给出了加工所得的单圈和两圈的石墨烯电感的版图，图 2.44 给出了两圈和三圈的石墨烯电感扫描电镜图片。

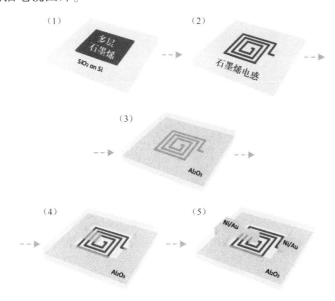

图 2.42　石墨烯片上螺旋电感的制备流程示意图

石墨烯片上电感测试结构示意图如图 2.45 所示。设计的结构为 GSG 共面波导结构，采用间距为150μm的GSG探针和Agilent N5227A矢量网络分析仪对 S 参数进行测试。

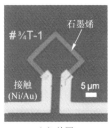
(a) 单圈

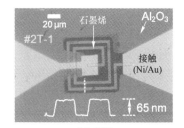
(b) 两圈

图2.43 石墨烯电感版图

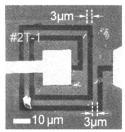
(a) 两圈

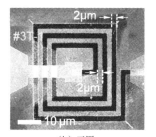
(b) 三圈

图2.44 石墨烯电感扫描电镜图片

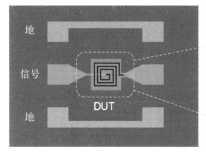
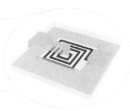

图2.45 石墨烯片上电感测试结构示意图

2.6.2 石墨烯片上螺旋电感的等效电路模型和参数提取

削去焊盘寄生以后，石墨烯电感等效电路模型的本征等效串联电阻 $R_s(\omega)$ 和等效串联电感 $L_s(\omega)$ 的表达式如下：

$$R_s(\omega) = \frac{R_{s0}}{1+\omega^2 C^2 R_{s0}^2} + \frac{\omega^2 R_{s1} L_{s1}^2}{R_{s1}^2 + \omega^2 L_{s1}^2} \tag{2.37}$$

$$L_s(\omega) = L_{s0} - \frac{CR_{s0}^2}{1+\omega^2 C^2 R_{s0}^2} + \frac{R_{s1}^2 L_{s1}}{R_{s1}^2 + \omega^2 L_{s1}^2} \qquad (2.38)$$

图 2.46 给出了等效串联电阻和等效串联电感随频率变化曲线,由于在高频范围内,石墨烯电感的等效串联电阻持续下降且等效串联电感持续上升,因此改进的模型中引入了与 R_{s0} 并联的电容 C,用来表征电感的高频特性,如图 2.47 所示[17]。没有并联电容 C 的电路无法描述出等效串联电阻和电感随频率的变化,而改进模型中的 RC 并联网络可以模拟出高频变化的情况。同时,从图 2.46 中可以看到,模型中电容数值的增加使得 R_s 下降的幅度变大且速度变快,同时 L_s 的上升趋势也有类似变化。

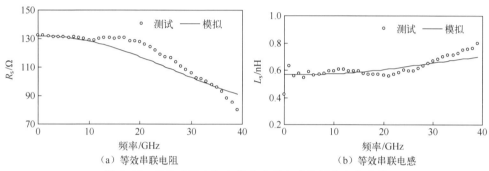

图 2.46 等效串联电阻和等效串联电感随频率变化曲线

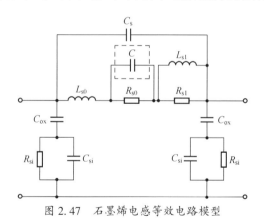

图 2.47 石墨烯电感等效电路模型

确定附加电容 C 的步骤如下:首先绘出等效串联电阻 $R_s(\omega)$ 随频率变化曲线,在频段近中心位置选取两个频率点 (ω_1 和 ω_2),可以获得两个频率处的电阻本征等效串联电阻 $R_s(\omega)$ 和等效串联电感 $L_s(\omega)$,通过这两个方程来提取 R_{s1} 和 L_{s1}:

$$R_s(\omega_1) = \frac{\omega_1^2 R_{s1} L_{s1}^2}{R_{s1}^2 + \omega_1^2 L_{s1}^2} + \frac{R_{dc}}{1+\omega_1^2 C^2 R_{dc}^2} \qquad (2.39)$$

$$L_s(\omega_2) = L_{dc} - \frac{\omega_2^2 L_{s1}^3}{R_{s1}^2 + \omega_2^2 L_{s1}^2} + \frac{\omega_2^2 C^3 R_{dc}^4}{1 + \omega_2^2 C^2 R_{dc}^2} \tag{2.40}$$

在频率接近直流的情况下（$\omega \to 0$ 时），根据等效串联电阻和等效串联电感随频率变化曲线可以获得直流电阻 R_{dc} 和直流电感 L_{dc}，其表达式如下：

$$R_{dc} = R_{s0} \tag{2.41}$$

$$L_{dc} = L_{s0} + L_{s1} \tag{2.42}$$

图 2.48 给出了石墨烯电感等效电路模型参数提取流程图。首先，经过去嵌处理之后得到电感本征部分的 S 参数，将其转换为 Y 参数；确定 R_{dc} 和 L_{dc} 的值及 R_{s1} 的范围；选定一个 C 的初始值，选择两个近频段中心位置的频率点，计算得到相应的电阻 R_{s1}、电感 L_{s1} 及 R_{s0} 和 L_{s0} 的值；接着判断所得到的 R_{s1} 和 L_{s1} 是否符合物理取值范围的要求，若满足则计算模拟所得的 S 参数与测量值的误差值，若不满足则直接更新电容 C 值。经过多次电容 C 的更新和计算其他参数的值，选择与测量数据误差最小的一组，那么这时提取出来的参数就是本文需要提取的本征参数。

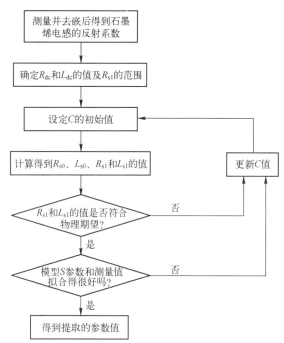

图 2.48 石墨烯电感等效电路模型参数提取流程图

优化误差是通过将 S 参数的绝对误差设为误差函数标准定义的。

$$E_{ij} = \frac{1}{N-1} \sum_{n=0}^{N-1} |S_{ij}^m - S_{ij}^c|^2 \qquad i,j = 1,2 \tag{2.43}$$

式中：上标 c 代表模拟的 S 参数；m 代表测量的 S 参数；n 为采样点的数量，$n = 0, 1, 2, \cdots, N-1$。

2.6.3 测试结果与模拟结果比较

为了验证改进的模型及参数提取方法的准确性，将此模型应用于一款 3/4 圈的石墨烯螺旋电感，此款石墨烯电感的外径为 $24\mu m$、线宽为 $3\mu m$、金属厚度为 62nm。表 2.8 给出了石墨烯电感模型提取的模型参数。图 2.49 分别比较了 0～40GHz 频段内模拟和测试的 S 参数及 Q 值。从图中曲线可以看出，改进模型的高频性能与测试值吻合得很好。

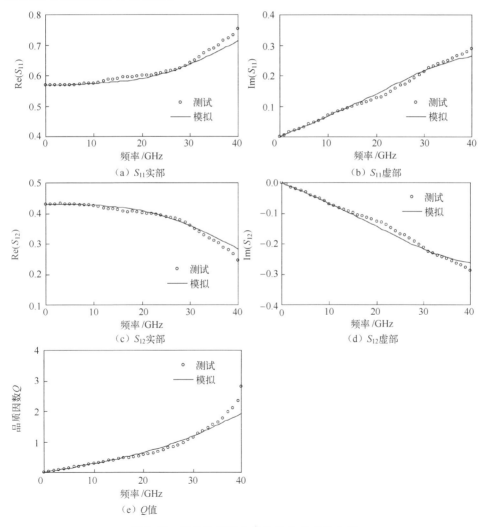

图 2.49 模拟和测试 S 参数及 Q 值对比曲线

表 2.8　石墨烯电感模型提取的模型参数

参数	C/fF	R_{s0}/Ω	R_{s1}/Ω	L_{s0}/nH	L_{s1}/nH
数值	30	132	33.9	0.9	0.2

图 2.50 给出了无电容 C 模型和有电容 C 模型精度对比曲线,从图 2.50(a)可知,基于无电容 C 模型的 S_{11} 误差在 20GHz 之后急剧增加,40GHz 时达到 16.8%;有电容 C 模型的 S_{11} 与测量值的误差在 0～40GHz 范围内变化较平稳,且在该范围内误差低于 6%。从图 2.50(b)可知,无电容 C 模型模拟所得的 S_{12} 与测量值相比误差很大,最高达 27% 左右;有电容 C 模型的 S_{12} 误差在 0～40GHz 范围内始终低于 13%。

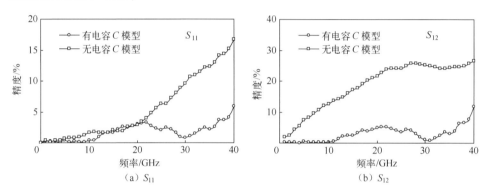

图 2.50　无电容 C 模型和有电容 C 模型的精度对比曲线

2.7　几何参数对片上螺旋电感的影响

图 2.51 给出了片上螺旋电感平面和立体结构示意图。金属线圈的线宽为 w、间距为 s、内径为 R_{in}、厚度为 t。电感的衬底为厚度为 t_{sub} 的硅衬底,其介电常数和电阻率分别为 ε_{sub} 和 ρ_{sub}。衬底上覆盖一层厚度为 t_{ox} 的介质层,其介电常数为 ε_{ox}。

本节设计了 13 款不同几何参数的石墨烯片上螺旋电感,分组对比用以研究 4 项几何参数对等效串联电感值 L_s 和品质因数 Q 的影响。这些电感的厚度 t 均为 1μm,建立在电阻率为 10Ω·cm、厚度为 500μm 的高阻硅上,介质层为二氧化硅,厚度为 90nm[18]。为了与石墨烯电感进行对比,同时设计了 9 款基于 0.18μm 标准 CMOS 工艺的片上螺旋电感,用于研究各个几何参数对电感的 Q 值与电感值 L_s 的影响[19]。

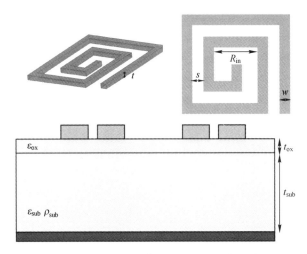

图 2.51 片上螺旋电感平面和立体结构示意图

2.7.1 线圈圈数对片上螺旋电感的影响

本节设计了 3 款不同圈数的硅基片上螺旋电感，变化参量为圈数 n，分别为 0.5、1.5 和 2.5。其中固定几何参数：线宽为 $8\mu m$、间距为 $2\mu m$、内径为 $20\mu m$。图 2.52 给出了电感圈数对传统片上螺旋电感的影响曲线图，从图中可以看到，随着圈数 n 的增加，电感值也随之增大，主要原因为金属线的长度随着圈数 n 的增加而增加，因此圈数 n 对电感值 L_s 的变化影响较大。同时，随着圈数 n 的增加，片上螺旋电感的品质因数 Q 整体表现为下降趋势，而从 Q 值对比图来看，圈数的增加使得品质因数最高值有明显的下降，且最高值对应的工作频率也更低。品质因数降低的原因主要包括：圈数增加导致总线圈长度增加，整体线圈电阻增加，由此增加了线圈的电阻损耗；相邻导线间的邻近效应和导线间的容性耦合也随着圈数的增加而更明显；同时电感线圈和衬底之间的作用也相应地增加，导致了更多的衬底损耗。因此，增加电感的圈数，电感所占面积增大，电感值会增加，但是品质因数会下降。

图 2.53 给出了电感圈数对片上石墨烯螺旋电感的影响曲线图（线宽为 $20\mu m$、间距为 $10\mu m$、内径为 $90\mu m$）。从图中可以看出，石墨烯螺旋电感和传统电感一样，其电感值随着圈数的增加而增加，但值得注意的是，石墨烯电感的工作频率随圈数增加下降得比较明显，品质因数 Q 比较小（一般小于 10）则说明石墨烯的损耗较大。

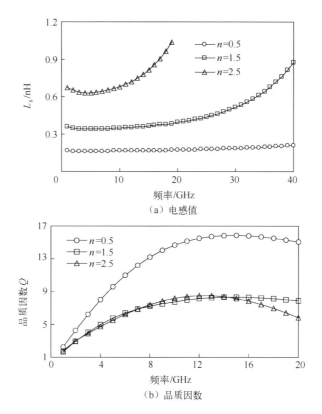

（a）电感值

（b）品质因数

图 2.52　电感圈数对传统片上螺旋电感的影响曲线图

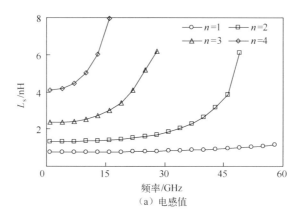

（a）电感值

图 2.53　电感圈数对片上石墨烯螺旋电感的影响曲线图

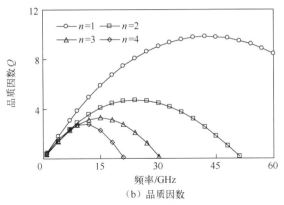

（b）品质因数

图 2.53 电感圈数对片上石墨烯螺旋电感的影响曲线图（续）

2.7.2 线宽对片上螺旋电感的影响

本节设计了 3 款不同金属线宽度的硅基片上螺旋电感，变化参数线宽 w 分别为 $8\mu m$、$10\mu m$ 和 $12\mu m$。其中固定的几何参数：圈数为 1.5、间距为 $2\mu m$、内径为 $20\mu m$。图 2.54 给出了金属线宽对传统片上螺旋电感的影响曲线图。从图中可

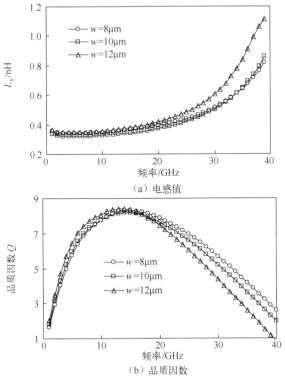

图 2.54 金属线宽对传统片上螺旋电感的影响曲线

以看到,片上螺旋电感的金属线宽 w 变大时,电感值 L_s 随之增加,但是变化的幅度比较小。从 Q 值的变化曲线可以看到,随着线宽的增加,Q 值是先增大再减小的趋势,而且最大值及对应的频率点都有所下降。总体来说,金属线宽对螺旋电感影响有限。

对于石墨烯片上螺旋电感,设计了 4 款电感进行对比。电感固定的参数为:圈数为 2、间距为 10μm、内径为 90μm。变化的参数为线宽 w,分别为 10μm、15μm、20μm 和 25μm。图 2.55 给出了不同金属线宽对石墨烯片上螺旋电感的影响曲线图。由图 2.55(a)可知,在 0~30GHz 频段内,线宽对螺旋电感的电感值的影响很小;从图 2.55(b)可以看到,随着线宽的增加,最大品质因数有明显的增加,同时最高值对应的频率点有所降低。

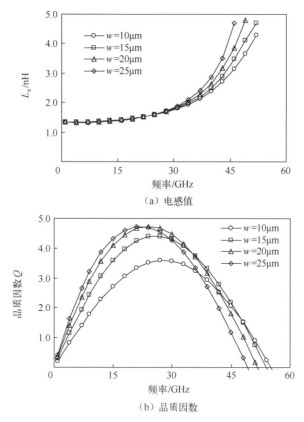

(a)电感值

(b)品质因数

图 2.55 不同金属线宽对石墨烯片上螺旋电感的影响曲线图

2.7.3 金属线间距对片上螺旋电感的影响

本节主要讨论金属线间距对传统片上螺旋电感的影响,其中固定的几何参数：圈数为1.5、线宽为8μm、内径为20μm。而变化参量为间距，分别为2μm、4μm和6μm。图2.56给出了金属线间距对传统片上螺旋电感的影响曲线图。从图中可以看到，电感值L_s的变化是随着间距的增大而减小的，但其变化的幅度很小。随着间距的增大，片上螺旋电感的Q值呈现减小的趋势。

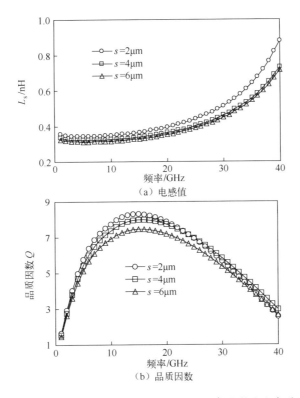

图2.56　金属线间距对传统片上螺旋电感的影响曲线图

对于石墨烯电感，其固定的几何参数为：圈数为2、线宽为20μm、内径为90μm。变化的参数为间距，分别为5μm、10μm、15μm和20μm。图2.57是金属线间距对石墨烯片上螺旋电感的影响曲线图。从图中可以看出，线圈导线间的间距变化对螺旋电感的电感值和Q值影响很小。与基于标准CMOS工艺下的传统螺旋电感相比，石墨烯电感的Q值很低。

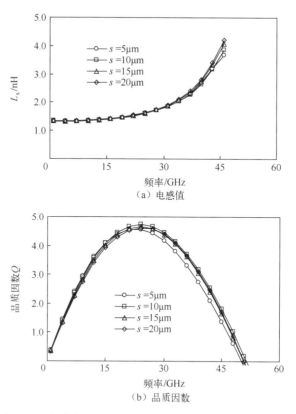

图2.57 金属线间距对石墨烯片上螺旋电感的影响曲线图

2.7.4 内径对片上螺旋电感的影响

下面讨论电感内径对传统片上螺旋电感的影响。固定的几何参数：圈数为1.5、间距为2μm、线宽为8μm。而变化参量为内径，分别为20μm、30μm和40μm，图2.58给出了电感内径对传统片上螺旋电感的影响曲线图。从图中可以看到，螺旋电感的电感量随着内径 R_{in} 的增大而增大，当内径从20μm增大到40μm时，电感的品质因数 Q 的最大值变化不大，但是与之对应的频率会减小。通过观察片上螺旋电感品质因数 Q 随频率变化曲线，选取最大值两侧附近的频率点，这两个频率点确定的范围就是片上螺旋电感的最佳工作频段。

图2.59给出了4个不同内径的石墨烯片上螺旋电感的电感值和品质因数的曲线图。其他参数为：圈数为2、线宽为20μm、间距为10μm。变化的参数为内径，分别为80μm、90μm、100μm和110μm。从图2.59（a）可知，电感

值随线圈内径的增加而增大,相应的电感值随线圈所占面积的增大而增大。比较图 2.59(b)的曲线可以得出,在 1~10GHz 范围内,内径的变化对 Q 值没有明显的影响;在 10~60GHz 频率范围内,电感内径的增加使得线圈整体长度增加,线圈本身的电阻损耗增加;线圈面积的增大也会导致进入衬底的磁场增大,引起衬底涡流,从而产生更大的衬底损耗。因此为了获得更大的电感值,可以通过增大内径的形式扩大线圈面积,但是这会导致在高频时品质因数下降。

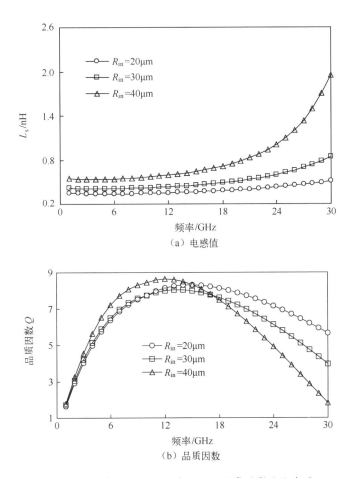

(a)电感值

(b)品质因数

图 2.58 电感内径对传统片上螺旋电感的影响曲线图

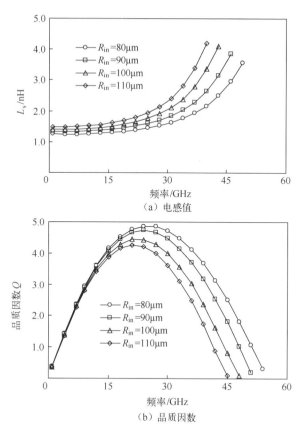

图 2.59 4 个不同内径的石墨烯片上螺旋电感的电感值和品质因数的曲线图

2.8 本 章 小 结

本章主要介绍了射频微波集成电路中常用的 3 种电感的基本结构和特性，包括标准 CMOS 工艺下的八边形平面螺旋电感、三维电感和石墨烯片上螺旋电感。本章给出了片上螺旋电感的模型构建和参数提取方法，讨论了片上螺旋电感主要物理结构参数对电感量和品质因数的影响。

参 考 文 献

[1] GAO J. RF and Microwave modeling and measurement techniques for field effect transistors [M]. Raleigh, NC: SciTech Publishing, Inc., 2010.

[2] BAHL I. Lumped elements for RF and microwave circuits [M]. London: Artech House, 2003.

[3] BARRAS D. ELLINGER F, JACKEL H, et al. A low supply voltage SiGe LNA for ultra-wideband frontends [J]. IEEE Microwave Wireless Components Letters, 2004, 14 (10): 469-471.

[4] LIN Y, CHEN H, WANG T, et al. 3-10GHz ultra-wideband low-noise amplifier utilizing miller effect and inductive shunt-shunt feedback technique [J]. IEEE Transaction on Microwave Theory and Techniques, 2007, 55 (9): 1832-1843.

[5] KUHN W B, IBRAHIM N M. Analysis of current effects in multiturn spiral inductors [J]. IEEE Transaction on Microwave Theory and Techniques, 2001, 49 (1): 31-38.

[6] YUE C P, WONG S S. Physical modeling of spiral inductors on silicon [J]. IEEE Transaction on Election Devices, 2000, 47 (3): 560-568.

[7] OOI B L, XU D X, KOOI P S, et al. An improved prediction of series resistance in spiral inductor modeling with eddy-current effect [J]. IEEE Transaction on Microwave Theory and Techniques, 2002, 50 (9): 2202-2206.

[8] HUANG F Y, LU J X. Analytical approach to parameter extraction for on-chip spiral inductors taking into account high-order parasitic effect [J]. IEEE Journal of Solid State Electronics, 2006, 49 (3): 473-478.

[9] WEI J, WANG Z. Frequency-independent T equivalent circuit for on-chip spiral inductors [J]. IEEE Transaction on Election Devices, 2010, 31 (9): 933-935.

[10] YAN N, YANG C, GAO J. An approach for determining equivalent circuit model of on-chip inductors [J]. Microwave and Optical Technology Letters, 2013, 55 (10): 2363-2370.

[11] GUO L, YU M, CHEN Z, et al. High Q multilayer spiral inductor on silicon chip for 5-6GHz [J]. IEEE Electron Device Letters, 2002, 23 (8): 470-472.

[12] PIERNAS B, NISHIKAWA K, KAMOGAWA K, et al. High-Q factor three-dimensional inductors [J]. IEEE Transaction on Microwave Theory and Technology, 2002, 50 (8): 1942-1949.

[13] GU L, LI X. Concave-suspended high-Q solenoid inductors with an RFIC-compatible bulk-micro machining technology [J]. IEEE Transaction on Electron Devices, 2007, 54 (4): 882-885.

[14] NI Z, ZHAN J, FANG Q, et al. Design and analysis of vertical nanoparticles-magnetic-cored inductors for RF ICs [J]. IEEE Transaction on Election Devices, 2013, 60 (4): 1427-1435.

[15] GAO J, YANG C. Microwave modeling and parameter extraction method for multilayer on-chip inductors [J]. International Journal of RF and Microwave Computer-Aided Engineering, 2013,

23（3）：343-348.

[16] LI X, KANG J, XIE X, et al. Graphene inductors for high-frequency applications—design, fabrication, characterization and study of skin effect ［C］. IEEE International Electron Devices Meeting, San Francisco, CA, 2014, 5.4.1-5.4.4.

[17] ZHANG Y, ZHANG A, WANG B, et al. Radio-frequency modeling and parameter extraction of graphene on-chip spiral inductors ［J］. Journal of Infrared and Millimeter Waves, 2018, 37 (4)：393-398.

[18] 张译心. 石墨烯片上螺旋电感的建模与参数提取分析 ［D］. 上海：华东师范大学，2019.

[19] 颜玲玲. 硅基片上射频螺旋电感的建模与参数提取分析 ［D］. 上海：华东师范大学，2014.

第 3 章

片上螺旋变压器

变压器是基于电磁耦合机理工作的。变压器根据大小主要分为以下三种。

（1）电力系统中的大型变压器：利用万伏以上电压进行远距离电力传输，而后电压降低至安全水平供家庭和办公室使用。

（2）电子设备的小型变压器——充电装置：电子设备如计算机的电源需要将 110~240V 的电力供电转化为小型电子设备需要的 1~5V 电压范围，以防止损坏电子设备。

（3）集成电路中使用的微型变压器：它和各种电路制作在同一片衬底上，面积通常在 $1mm^2$ 以下。片上螺旋变压器在电路中可实现阻抗匹配、单端信号与差分信号的相互转换、谐振负载、低噪反馈、交流耦合和 DC 隔离及扩展带宽等功能，同时在简化电路、差分对称、功率合成及节省芯片面积上也发挥着特有的作用，还具有巴伦（balun）、阻抗匹配及隔离直流的作用，从而省去了用于隔离直流的较大电容。

本章主要介绍射频微波集成电路中常用的片上螺旋变压器结构形式，片上螺旋变压器的基本结构和特性，以及片上螺旋变压器的建模和参数提取方法。随着高性能片上螺旋变压器在微波集成电路中应用需求的增加，建立精确的能够反映片上螺旋变压器物理特性的等效电路模型对计算机电路辅助设计和优化变得十分重要[1-3]。

3.1 射频集成电路中的片上螺旋变压器

在低频模拟电路中，变压器主要由两个漆包线绕制而成的绕组和金属磁芯组成，如图 3.1 所示，金属磁芯可以增强两个绕组之间的磁耦合并减小磁滞损耗。低频变压器的主要特点是立体性很强，需要较大的空间体积，它可以直接焊接在 PCB 的表面使用。

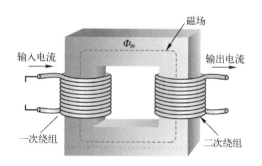

图 3.1　低频模拟电路中的变压器

在射频微波集成电路中，由于电路体积的限制，变压器通常由两个独立的平面螺旋电感构成，因此变压器的形状结构和实现方式实际上发生了很大的变化，金属磁芯不再使用。在 CMOS 工艺下实现的集成螺旋变压器是一种重要的无源电感类器件，它广泛应用于各种射频前端电路。从本质上来说，变压器由两个或两个以上互相耦合的电感组成，其中由两个绕组组成的变压器称为双绕组变压器，由多个绕组组成的变压器称为多绕组变压器。它的工作原理是基于双绕组间的磁场耦合，把交流信号从一端转换到另一端，而没有大的能量损耗，同时，直流电流被隔离，使变压器可以工作在不同的电压偏置下。在通信电路中，变压器用于匹配阻抗并消除来自系统各部分的直流信号。

图 3.2（a）所示为基于 65nm CMOS 工艺的三级功率放大器电路拓扑[4]，该功率放大器采用变压器和电感共同完成匹配的网络结构，第一级功率放大器和第二级功率放大器晶体管的宽长比为 $50\mu m/60nm$，输出级功率放大器晶体管的宽长比为 $120\mu m/60nm$，输出级采用较大的宽长比以提高功率放大器的输出功率。图 3.2（b）所示为基于 65nm CMOS 工艺的三级功率放大器芯片照片（包括焊盘），该功率放大器的芯片面积为 $0.62mm^2$，并采用差分输入及单端输出。图 3.3 所示为一种同时使用电容反馈和串联变压器反馈以实现宽带目的的低噪声放大器架构[5]。实验结果证明了电路具有噪声和阻抗同时匹配的功能，这种设计不仅降低了噪声系数，而且在整个工作频段内提供了平坦的高增益，利用一个弱耦合变压器设计，可以使芯片尺寸显著减小。图 3.4 给出了输入/输出采用变压器设计的 2.4GHz 放大器电路结构和版图，其采用变压器进行隔离直流和匹配，从版图中可以看到其占用的面积很大[6]。

第 3 章 片上螺旋变压器

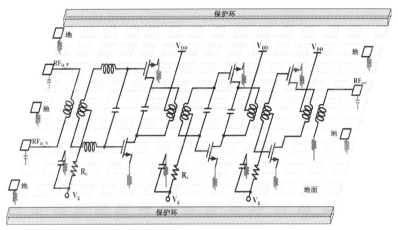

(a) 电路拓扑

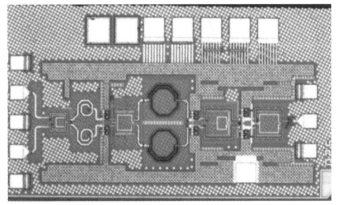

(b) 芯片照片

图 3.2 基于 65nm CMOS 工艺的三级功率放大器

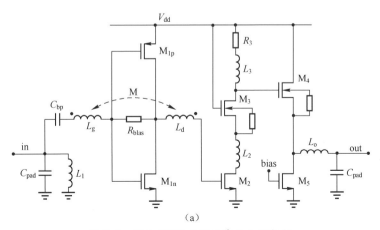

(a)

图 3.3 用于 UWB 的低噪声放大器架构

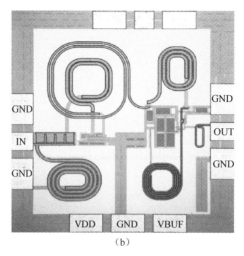

（b）

图 3.3 用于 UWB 的低噪声放大器架构（续）

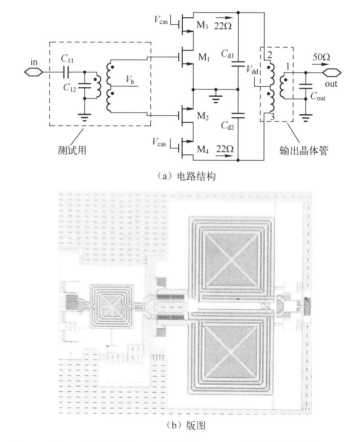

图 3.4 输入/输出采用变压器设计的 2.4GHz 放大器电路结构和版图

3.2 片上螺旋变压器的基本结构和特性

不同于普通的绕线变压器，基于 CMOS 工艺的片上集成变压器一般采用平面结构，因此也称片上螺旋变压器或片上变压器。该结构主要基于金属互连线，从结构上看，集成螺旋变压器主要分为平面螺旋变压器和层叠式变压器两种。

第一种是平面螺旋变压器。该结构由两组相同的金属线平行绕制，虽然平面螺旋变压器的圈数相同，但是由于一次绕组和二次绕组的大小不同，所以一次绕组和二次绕组的自感不同。第二种是层叠式变压器，该结构由两组不同的金属层次的金属线绕制而成。因为层叠式变压器可以做到一次绕组和二次绕组都为单圈，所以它的自感可以很小，被广泛应用于需要小自感变压器的毫米波电路。层叠电感可以提供一个一次绕组和二次绕组比例大于 1 的变压器。下面分别介绍平面螺旋变压器和层叠式变压器的基本结构。

3.2.1 平面螺旋变压器的基本结构和特性

平面螺旋变压器的形状有多种，包括方形变压器、八边形变压器、六边形变压器和圆形变压器。平面结构片上螺旋变压器的绕组主体都是在同一层金属上构造的，下层金属作为绕组交叠部分的金属连接和端口引出线。在多金属层工艺中，一些较顶层的金属层也会被并联起来以减小串联电阻，片上螺旋变压器的一次绕组和二次绕组可完全对称，而且绕组的串联电阻较低，十分适用于差分电路；不足之处是变压器会占据较大的芯片面积。按照一次绕组和二次绕组的绕线方式，可分为平行互绕、交叉互绕、对称互绕和中心抽头 4 种结构。从功能上可以将变压器分为升压模式变压器和降压模式变压器。图 3.5 给出了 6 种常见的片上螺旋变压器结构[4]。

(1) 平行互绕结构的优点是一次绕组和二次绕组可由同层金属实现，可以最小化寄生电容并获得较高的谐振频率，有较高的耦合系数；缺点是一次绕组和二次绕组端口位于同一侧，不利于和其他电路连接。值得注意的是，由于结构上是非对称的，一次绕组和二次绕组总长度并不一致，导致圈数虽相同，但变比实际上不为 1。

(2) 交叉互绕结构变压器采用两个完全一样的一次绕组进行交叉互绕，保证了当一次绕组和二次绕组圈数相等时，它们的性能完全一致，是可以提供完美的 1:1 对称的片上螺旋变压器。交叉互绕结构的优点是一次绕组和二次绕组端口在不同侧，易于和其他电路连接，这种结构的变压器适合对称的四端口应用。但是互感因子不高,可以用顶层金属来实现,从而使电容最小化,以达到最大的谐振频率。

(a) 中心抽头结构　　　(b) 平行互绕结构　　　(c) 交叉互绕结构

(d) 对称互绕结构　　　(e) 升压模式 I 变压器　　(f) 升压模式 II 变压器

图 3.5　6 种常见的片上螺旋变压器结构

(3) 中心抽头变压器,也称自耦合变压器,它的一次绕组和二次绕组由两个同心但相互独立的绕组组成。抽头结构变压器适合三端口的应用,通过改变抽头所在位置,它可以实现各种抽头比。所有的绕组都可以用顶层金属来实现,这样可以使端口到衬底之间的电容最小。

(4) 对称互绕结构对于三端口和四端口应用最为适合,其中心抽头可位于绕组几何中点,也是使用最广泛的一种类型。另外,对称互绕结构有多处交叉过渡,交叉过渡之处,顶层和次顶层的金属特性有时会相差较大。

(5) 对称互绕结构具有增强电压和电流增益、提高电路线性度而不引入噪声的优点。为了减小邻近效应和使三个平行分支的物理长度相等,可以使用更多的交叉连接。这样的结构会增大耦合系数,但需要更多的金属层。

平面螺旋变压器的主要优点有:一次绕组和二次绕组可完全几何对称,适用于差分电路;一次绕组和二次绕组串联电阻较小,结构简单,易于优化设计。主要缺点有:占用的芯片面积较大及耦合系数较小。平面螺旋变压器应用广泛,经常用于差分电路及用作射频集成电路前端电路中负责信号单-双端转换的巴仑。

3.2.2 层叠式变压器的基本结构和特性

微波/毫米波应用的片上螺旋变压器通常采用层叠结构，这种结构的一次绕组和二次绕组能够同时进行侧向和垂直方向的磁耦合，从而获得更大的耦合系数（在60GHz时的耦合系数可达0.9），同时也可以减小变压器的面积[7]。为了实现较高的自谐振频率，应用于毫米波集成电路的片上螺旋变压器直径一般较小，圈数较少（只有1~2圈），因而具有较小的插入损耗（在60GHz频率下的插入损耗可达0.55dB）。在较低频率的模拟射频应用中，差分变压器对电路的噪声抑制具有明显作用，而在微波/毫米波领域，由于差分输出信号会出现幅度失配和相位偏差的问题，共模抑制比较小，使差分变压器的噪声抑制功能减弱[1]。

立体结构片上螺旋变压器的绕组采用不同金属层构造，利用多层金属和通孔形成具有立体空间结构的绕组，层叠结构是立体结构片上螺旋变压器的主要形式。层叠式变压器的一次绕组和二次绕组都是平面结构的，但采用的是不同的金属层。层叠结构有非对称结构、侧向平移结构和对角平移结构等，如图3.6所示。

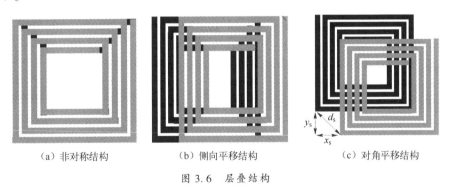

(a) 非对称结构　　　(b) 侧向平移结构　　　(c) 对角平移结构

图 3.6　层叠结构

非对称结构的优点是使用多层金属层，利用边缘耦合、侧向耦合得到高的耦合系数，在节省芯片面积的同时得到较高的自感，既适于三端口应用又适于四端口应用。缺点是一次绕组、二次绕组的电阻及到衬底的耦合寄生电容不同，而且端口到端口的金属层平板电容很大，使得自谐振频率较低。侧向平移结构和对角平移结构是为了减小端口寄生电容，适当牺牲互感耦合而把堆叠电感的中心侧向平移或对角平移。

为了更清晰地观察层叠式变压器，图3.7给出了一次绕组和二次绕组圈数比分别为1:1，分别用两层金属线圈和三层金属线圈完成的1:2层叠式变压器。层叠式变压器可以做到一次绕组和二次绕组都为单圈，因此它的自感可以很小，所以被广泛应用于需要小自感变压器的毫米波电路。层叠电感的另一个好处是它可以提供一个一次绕组和二次绕组变比大于1的变压器。层叠式变压器的主要优点有：耦合系数较大，占用芯片面积较小。主要缺点有：一次绕组和二次绕组结构很难对称，自感值不一致，而且一次绕组和二次绕组金属层厚度不同，较薄金属层串联电阻较大，品质因数较小。

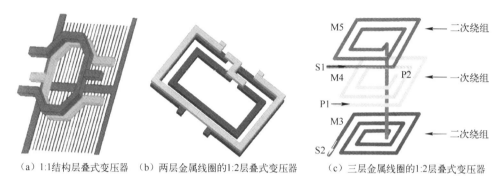

(a) 1:1结构层叠式变压器　(b) 两层金属线圈的1:2层叠式变压器　(c) 三层金属线圈的1:2层叠式变压器

图 3.7　层叠式变压器立体视图

层叠式变压器常用于电路的级间耦合和反馈网络中，这些应用对变压器的耦合程度要求较高，对对称性要求较低。为了更有效地利用芯片面积，变压器结构可以在三维结构方面进行拓展，三维结构片上螺旋变压器的一次绕组和二次绕组都是立体空间结构，突破了平面结构的局限性，充分利用了芯片面积。

3.3　片上螺旋变压器的等效电路模型

在射频电路的仿真中，片上螺旋变压器的等效电路模型非常有利于理解器件的物理特性，而且模型的准确性还会直接影响电路的仿真精度和性能。同时，模型还需要有较强的可缩放性，能够覆盖几何尺寸变化的变压器设计。因此，一套高精度片上螺旋变压器模型库在射频 CMOS 电路设计中将发挥非常重要的作用。常用的片上螺旋变压器的等效电路模型包括单 π 模型、双 π 模型和 T 模型，下面分别介绍。

图 3.8 所示的是变压器单 π 模型[8]，每个变压器输入端口处接了电容-电阻-电容结构的三个元件，单 π 模型结构简单，容易实现模型参数的提取。其中，L_{s1} 和 L_{s2} 分别表征一次绕组和二次绕组的低频串联电感，R_{s1} 和 R_{s2} 分别表征一次绕组和二次绕组的寄生电阻，C_c 表征两个绕组之间的寄生电容，C_{s1} 和 C_{s2} 分别表征一次绕组和二次绕组各自金属线之间的寄生电容，C_{ox1} 和 C_{ox2} 分别表征一次绕组和二次绕组金属线圈和衬底之间的氧化层电容，R_{si1} 和 R_{si2} 分别表征一次绕组

和二次绕组硅衬底的阻性损耗，C_{si1}和C_{si2}分别表征一次绕组和二次绕组硅衬底的容性损耗。可以看到，变压器的单π模型结构是以电感模型为基础的，采用了C-R-C网络表征衬底耦合效应，值得注意的是利用一个电容C_c表示绕组之间的容性耦合，利用互感系数k表示绕组之间的感性耦合。片上螺旋变压器的一次绕组和二次绕组之间除了电感耦合，还有电容耦合。在低频时，与耦合电容的阻抗相比，绕组自身的串联电感和电阻产生的阻抗可以忽略不计，因而可以用单个电容来表征绕组间的容性耦合。然而在毫米波段，分布效应会变得更加明显，分布电容的阻抗变小，这时绕组的串联电感和电阻产生的阻抗与分布电容的阻抗相当，或者更大。于是，就需要在模型的耦合电容支路上增加电感和电阻，从而更有效地表征绕组间的高频耦合效应。

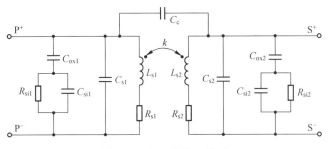

图3.8 变压器单π模型

单π模型具有电路结构简单、所需元件数量小等优点，但是它的不足之处也同样明显，二端口Y参数中Y_{12}或Y_{21}的模拟和测试数据拟合精度不高。针对以上不足之处，研究人员提出了双π模型[9]。

由于变压器的一次绕组和二次绕组可分别看成两个平面螺旋电感，因此电感双π模型可以用来表征变压器单独绕组的寄生，并考虑级间磁场和电场耦合，通过添加金属绕组寄生电容及耦合系数，可以得到完整的双π结构的变压器模型。经典的变压器双π模型如图3.9所示。该模型的一次绕组的两个输入端口和二次绕组的两个输入端口是分别对称的，从变压器模型中可以很简单地找出一次绕组和二次绕组的中心处，可以用于中心抽头的变压器。

单π模型和双π模型都具有直观易懂的特点，但是由于模型中都存在绕组磁场耦合的变压器结构，这个变压器结构不适合电路设计的优化计算，因此需要一种可以简化计算的电路模型。图3.10给出了从理想变压器到T型结构变压器的转换，利用图3.10（b）中的互感L_m代替了3.10（a）中的耦合系数k，用来表征绕组间的磁场耦合[3]。

图3.11给出了一个完整的T模型[10]，该模型考虑了一次绕组和二次绕组之间的寄生电容及衬底寄生效应的影响，从而提高了模型精度。采用L_m和R_m串联

支路代替耦合系数来表征一次绕组和二次绕组之间的耦合，通过调节它们来拟合网络参数，同时在衬底网络中添加了元件 C_{sub} 和 R_{sub} 来表征衬底的横向寄生效应。

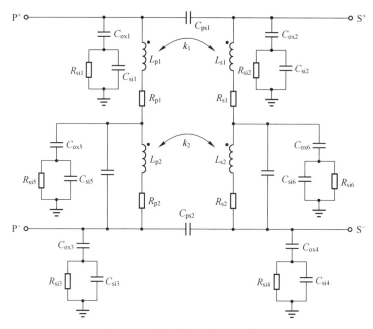

图 3.9　经典的变压器双 π 模型

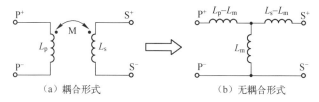

（a）耦合形式　　　　　　　　（b）无耦合形式

图 3.10　从理想变压器到 T 型结构变压器的转换

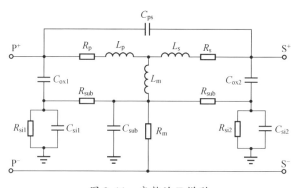

图 3.11　完整的 T 模型

3.4 片上螺旋变压器的设计和参数确定

高性能的变压器主要有以下几个特点：
(1) 一次绕组和二次绕组具有较小的寄生电阻；
(2) 一次绕组和二次绕组之间的磁场具有较大的耦合系数；
(3) 一次绕组和二次绕组之间具有较小的电容耦合；
(4) 绕组和衬底之间具有较小的电容耦合。

与平面螺旋结构的变压器相比，层叠螺旋结构的变压器耦合系数较大且占用芯片面积较小，已经成为微波射频集成电路设计的主要形式之一，因此本节主要讨论层叠式变压器的结构设计和模型参数提取方法。

3.4.1 片上螺旋变压器的设计

这里给出了一种带传输线高隔离的层叠式变压器[11]。如图3.12所示，为了保持变压器的对称性，中心抽头从变压器中点抽出，同时走向变压器两边[12-15]。

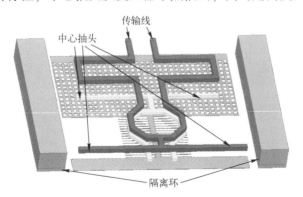

图 3.12 带传输线高隔离的层叠式变压器结构示意图

变压器一次绕组直接与传输线连接，不仅可以参与匹配，同时也减少了有源器件与变压器连接损耗。变压器下面采用图案接地隔离层（PGS）来减小衬底带来的影响，从而可以增大变压器的品质因数，变压器两边的立方体用来减小变压器信号通过磁场耦合来干扰其他模块的特性。如果功率放大器工作时的输出功率过大，那么这个大功率就会通过电磁场耦合到其他电路（如压控振荡器和低噪声放大器等），就会造成频率漂移和噪声增大等。为了减小功率放大器对其他电路的影响，可利用图 3.12 中所示的矩形保护环来减小磁场和电场对其他电路模块的耦合。

图 3.13 给出了 3 种不同结构的变压器。其中图 3.13（a）所示为传统结构变压器，图 3.13（b）所示为带隔离环且与 PGS 分开结构变压器，图 3.13（c）所示为带隔离环且与 PGS 相连结构变压器。在图 3.13（a）中，标准变压器外左右各设计一根馈线。在图 3.13（b）中，普通变压器两边引入隔离环，隔离环长度与馈线长度一致。如果隔离环与变压器距离过近，变压器磁通量会从变压器内部转到外部，变压器和隔离环会形成传输线效应，从而改变了变压器性能。在图 3.13（b）中，变压器的 PGS 和隔离环没有相连；而在图 3.13（c）中，变压器的 PGS 和隔离环相连。图 3.14 给出了变压器与馈线隔离度电磁仿真曲线，从图中可以看到，PGS 和隔离环没有相连结构的变压器隔离性最好，隔离度比传统变压器结构大 14dB 左右，而比 PGS 和隔离环相连结构的变压器大 16.6dB 左右，原因是电磁场耦合到 PGS 产生电流，该电流会直接流到隔离环，从而降低了变压器的隔离度。

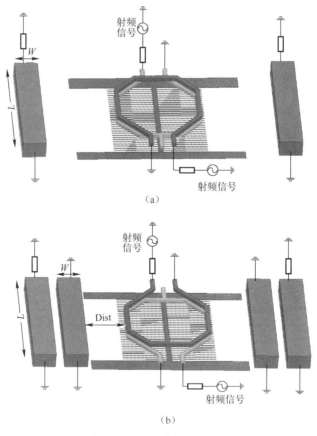

图 3.13 不同结构的变压器

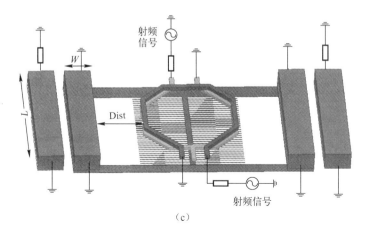

图3.13 不同结构的变压器（续）

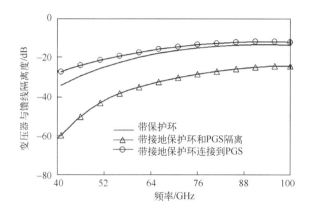

图3.14 变压器与馈线隔离度电磁仿真曲线

3.4.2 片上螺旋变压器的模型参数确定方法

针对片上层叠式变压器，这里介绍一种参数提取方法，该方法结合了直接提取法和优化法的优点，并弥补了相应的不足。图3.15给出了层叠式变压器测试芯片版图，该层叠式变压器采用射频130nm CMOS工艺制作，包括两层金属及需要和测试系统相连的焊盘。

图3.16给出了采用的片上层叠式变压器的T模型，该等效电路模型可以分为两部分，虚线框内的本征元件和虚线框外的寄生元件。其中，C_{oxi}、C_{oxo}分别代表金属绕组与氧化层之间的耦合电容，C_{io}表示输入端与输出端的隔离电容。C_{subi}和C_{subo}分别为输入/输出端衬底寄生电容，R_{subi}和R_{subo}分别为输入/输出端衬底寄生电阻。对于本征部分，采用3个分离电感来模拟一次绕组与二次绕组间的耦

合，其中 L_p 是一次绕组自感，L_s 是二次绕组自感，L_m 用以表示两个绕组之间的互感，能够表征一次绕组与二次绕组之间的耦合程度。R_p 和 R_s 分别表征一次绕组与二次绕组的趋肤效应损耗和邻近损耗。

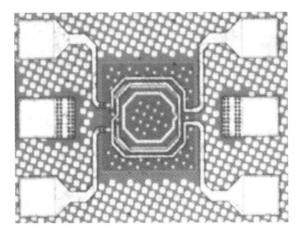

图 3.15 层叠式变压器测试芯片版图

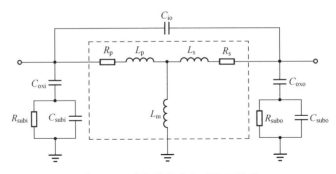

图 3.16 片上层叠式变压器 T 模型

  片上螺旋变压器等效电路参数提取方法主要分为直接提取方法和数值分析优化方法。直接提取方法以实际测得的 S 参数为基础，基于电路特性分离寄生参量和本征参量，先提取寄生参量，然后消去寄生参量的影响，计算出本征参量。数值分析优化方法主要将变压器测量得到的 S 参数通过数值方法整体优化，得到符合测量结果的模型参数值。直接提取方法虽然速度很快，但容易受到测量精度的影响，需要进一步优化来提高参数的精确性；而数值分析优化方法则对初始优化值的要求较高，初始优化值的设置直接决定器件模型的参数值是否具有物理意义。

  图 3.17 给出了一种结合直接提取方法和数值分析优化方法的混合参数提取方法，由直接提取方法得出的参数值作为数值分析优化方法的初始值，从而得出

最终的模型参数值。这种方法可以在保留直接提取方法和数值分析优化方法优点的同时，弥补它们的缺点，从而精确提取片上层叠式变压器等效电路模型参数，提取过程如下：

（1）测试开路测试结构的 S 参数，提取焊盘电容；

（2）去嵌后利用分析表达式直接确定本征参数；

（3）将模拟结果和测试结果获得的 S 参数进行比较，并计算相应的精度；

（4）若精度符合要求，则提取过程结束；否则，在本征元件值变化范围内调整本征参数，直至满足精度要求为止。

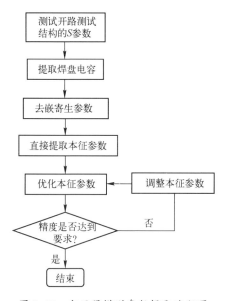

图 3.17　变压器模型参数提取流程图

3.4.3　变压器模型寄生参数提取

去嵌是微波测量中重要的技术之一，其主要目的是消除部件及寄生元件对待测器件的影响。在测试片上螺旋变压器的过程中，不能对片上螺旋变压器直接进行测试，测试结构中除了待测器件还包含了焊盘和金属馈线。焊盘是为了利用微波射频测试仪器对器件特性进行测试而在芯片上设计的和同轴波导线连接的共面波导结构，它由输入信号线、输出信号线和地线构成。图 3.18 给出了变压器测试结构和空焊盘结构，从图中可以看出，要从测试数据中得到变压器的真实参数，必须消除焊盘和金属馈线对测试结构的影响。

图 3.19 给出了变压器输入信号和输出信号耦合模型，输入信号可以由衬底耦合至输出信号焊盘，利用一个耦合电容 C_{io} 来模拟输入端焊盘与输出端焊

盘之间的耦合。图 3.20 给出了相应的开路结构等效电路模型。其中 C_{oxi} 和 C_{oxo} 分别为输入/输出端焊盘与硅衬底间的寄生电容，R_{subi} 为输入端硅衬底与地之间的损耗电阻，R_{subo} 为输出端硅衬底与地之间的损耗电阻，C_{subi} 为输入端硅衬底与地之间的寄生电容，C_{subo} 为输出端硅衬底与地之间的寄生电容。

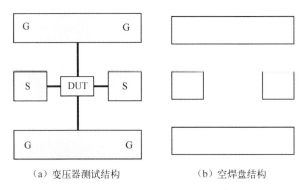

（a）变压器测试结构　　　　（b）空焊盘结构

图 3.18　变压器测试结构和空焊盘结构

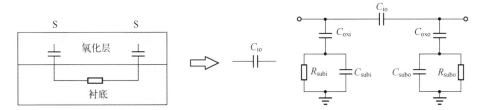

图 3.19　变压器输入信号和输出信号耦合模型　　图 3.20　开路结构等效电路模型

对于开路结构的等效电路模型，其短路参数可以表示为：

$$Y_{11}^o = Y_i + j\omega C_{io} \tag{3.1}$$

$$Y_{22}^o = Y_o + j\omega C_{io} \tag{3.2}$$

$$Y_{12}^o = Y_{21}^o = -j\omega C_{io} \tag{3.3}$$

式中：

$$Y_i = \cfrac{1}{\cfrac{1}{j\omega C_{oxi}} + \cfrac{R_{subi}}{1 + j\omega R_{subi} C_{subi}}}$$

$$Y_o = \cfrac{1}{\cfrac{1}{j\omega C_{oxo}} + \cfrac{R_{subo}}{1 + j\omega R_{subo} C_{subo}}}$$

式中的 Y_{ij}^o（$i=1$ 或 2，$j=1$ 或 2）为开路测试的 Y 参数。Y 参数可以由测量开路结构的 S 参数转换得到：

$$Y_{11}^o = Y_o \frac{(1-S_{11})(1+S_{22})+S_{12}S_{21}}{(1+S_{11})(1+S_{22})-S_{12}S_{21}} \quad (3.4)$$

$$Y_{12}^o = Y_o \frac{-2S_{12}}{(1+S_{11})(1+S_{22})-S_{12}S_{21}} \quad (3.5)$$

$$Y_{21}^o = Y_o \frac{-2S_{21}}{(1+S_{11})(1+S_{22})-S_{12}S_{21}} \quad (3.6)$$

$$Y_{22}^o = Y_o \frac{(1+S_{11})(1-S_{22})+S_{12}S_{21}}{(1+S_{11})(1+S_{22})-S_{12}S_{21}} \quad (3.7)$$

这里的 Y_o 为特征导纳。

由式（3.3）可得直接确定耦合电容：

$$C_{io} = -\frac{\mathrm{Im}(Y_{12}^o)}{\omega} \quad (3.8)$$

由式（3.1）～式（3.3）可得：

$$R_{\mathrm{subi}} + \frac{1}{\mathrm{j}\omega C_{\mathrm{oxi}}} = \frac{1}{Y_{11}+Y_{12}} \quad (3.9)$$

$$R_{\mathrm{subo}} + \frac{1}{\mathrm{j}\omega C_{\mathrm{oxo}}} = \frac{1}{Y_{11}+Y_{12}} \quad (3.10)$$

则有

$$C_{\mathrm{oxi}} = -\frac{1}{\omega \mathrm{Im}\left(\dfrac{1}{Y_{11}+Y_{12}}\right)} \quad (3.11)$$

$$R_{\mathrm{subi}} = \mathrm{Re}\left(\frac{1}{Y_{11}+Y_{12}}\right) \quad (3.12)$$

同理，由结构的对称性可得：

$$C_{\mathrm{oxo}} = -\frac{1}{\omega \mathrm{Im}\left(\dfrac{1}{Y_{22}+Y_{21}}\right)} \quad (3.13)$$

$$R_{\mathrm{subo}} = \mathrm{Re}\left(\frac{1}{Y_{22}+Y_{21}}\right) \quad (3.14)$$

图 3.21 给出了低频情况下利用直接解析表达式计算得到的 C_{oxi} 和 C_{oxo} 随频率变化曲线。从图中可以看出，电容 C_{oxi} 随频率变化的曲线与电容 C_{oxo} 随频率变化的曲线非常接近，说明了输入端口和输出端口的基本对称性。在 0.5～8GHz 的测试频段内，C_{oxi} 的电容值集中在 12～15fF 之间，C_{oxo} 的电容值集中在 10～15fF 之间，波动幅度均很小。

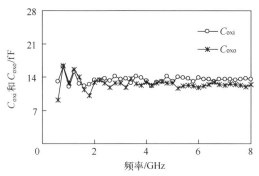

图 3.21　电容 C_{oxi} 和 C_{oxo} 随频率变化曲线

图 3.22 给出了高频情况下利用直接解析表达式计算得到的寄生电阻 R_{subi} 与 R_{subo} 随频率变化曲线。从图中可以看出，电阻 R_{subi} 与 R_{subo} 在毫米波频段才能提取，其波动范围可以作为进一步优化的依据。在提取出开路去嵌等效电路模型中的寄生参数初始值后，为了进一步提高等效电路模型的精度，在初始值的基础上，在一个小范围内对各参数值进行后续的优化。表 3.1 给出了开路测试模型中各参数的提取值与优化值。

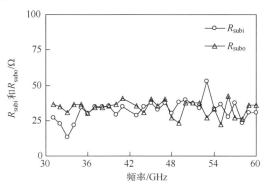

图 3.22　电阻 R_{subi} 和 R_{subo} 随频率变化曲线

表 3.1　开路测试模型中各参数的提取值与优化值

参　　数	提　取　值	优　化　值
C_{io}/fF	0.06	0.04
C_{oxi}/fF	13.4	13.5
C_{oxo}/fF	13.2	13.0
R_{subi}/Ω	36	35
R_{subo}/Ω	35.5	35
C_{subi}/fF	44	43
C_{subo}/fF	49	50.1

图 3.23（a）比较了开路测试结构模型 S_{11} 参数优化前和优化后的绝对误差，图 3.23（b）比较了开路测试结构模型 S_{22} 参数优化前和优化后的算术误差。从图中可以看出，优化之前 S_{11} 误差在 0.8% 左右浮动，而在优化之后，S_{11} 的误差在 0.2% 以下；对于 S_{22} 而言，优化后的误差降低到 0.3% 以内。

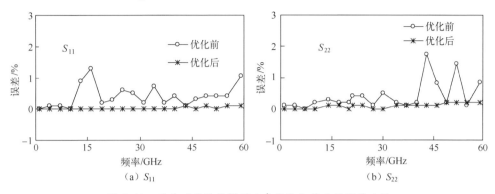

图 3.23 开路测试结构模型 S 参数优化前后的误差比较

图 3.24 给出了开路测试结构的 S 参数对比曲线，频率范围为 0.1～60GHz。

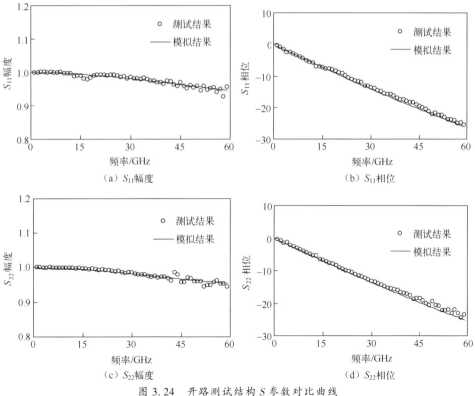

图 3.24 开路测试结构 S 参数对比曲线

其中图 3.24（a）和 3.24（b）所示为 S_{11} 幅度与相位的模拟结果与测试结果比较曲线，3.24（c）和 3.24（d）所示为 S_{22} 幅度与相位的模拟结果与测试结果比较曲线。可以看出，开路结构的模拟结果与测试结果吻合得很好，说明开路等效电路模型能够很好地模拟测量时的开路电路结构。

3.4.4 变压器模型本征参数提取

开路测试模型参数优化后，将其带入片上螺旋变压器测试整体的等效电路模型中，比较模拟与测试结果的准确性，以此来验证参数值的精度[16]。

根据焊盘结构网络和待测器件变压器电路模型网络之间的关系，要想获得变压器本征模型的网络参数，需要利用下面的关系式：

$$Y^{\mathrm{DUT}} = Y^{\mathrm{M}} - Y^{\mathrm{O}} \tag{3.15}$$

式中，Y^{DUT} 是待测器件（片上螺旋变压器）自身的 Y 参数，Y^{M} 是测试变压器整体电路（包括焊盘结构）的 Y 参数，Y^{O} 是开路测试结构的 Y 参数。

一个简单便捷的去嵌方法就是利用负元件的方法削去寄生元件对器件特性的影响。图 3.25 所示的是利用负元件消去焊盘寄生效应的电路拓扑图。其中，DUT 为待测器件的本征结构，输入网络的 Y 参数为 $-Y_i$，而输出网络的 Y 参数为 $-Y_o$。削去焊盘寄生效应后，待测器件的本征电路模型如图 3.26 所示，这是一个典型的 T 型结构。

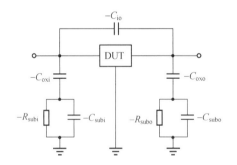

图 3.25 利用负元件的方法去嵌

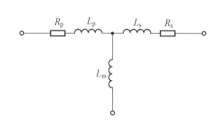

图 3.26 变压器的本征电路模型

图 3.26 所示的变压器本征电路模型的短路 Z 参数可以表示为：

$$Z_{11} = R_{\mathrm{p}} + \mathrm{j}\omega(L_{\mathrm{p}} + L_{\mathrm{m}}) \tag{3.16}$$

$$Z_{22} = R_{\mathrm{s}} + \mathrm{j}\omega(L_{\mathrm{s}} + L_{\mathrm{m}}) \tag{3.17}$$

$$Z_{12} = Z_{21} = \mathrm{j}\omega L_{\mathrm{m}} \tag{3.18}$$

由上述 3 个式子的虚部可以直接计算 3 个电感的数值：

$$L_{\mathrm{p}} = \frac{\mathrm{Im}(Z_{11} - Z_{12})}{\omega} \tag{3.19}$$

$$L_s = \frac{\text{Im}(Z_{22}-Z_{12})}{\omega} \qquad (3.20)$$

$$L_m = \frac{\text{Im}(Z_{12})}{\omega} \qquad (3.21)$$

由式（3.16）和式（3.17）的实部可以直接计算两个电阻的数值：

$$R_p = \frac{\text{Re}(Z_{11})}{\omega} \qquad (3.22)$$

$$R_s = \frac{\text{Re}(Z_{22})}{\omega} \qquad (3.23)$$

图 3.27 给出了一次绕组自感 L_p、L_s 和表示两个绕组之间互感的 L_m 随频率变化曲线。从图中可以看出，3 条曲线走势平缓，显示出常数特性，L_p 约为 82pH，L_s 约为 77pH，L_m 主要在 44pH 上下波动。由等效电路模型可以知道，一次绕组的电感为 L_p 和 L_m 之和，即 126pH；二次绕组的电感为 L_s 和 L_m 之和，即 121pH。图 3.28 给出了表征一次绕组和二次绕组趋肤效应损耗和邻近损耗的电阻 R_p 和 R_s 随频率变化曲线。从图中可以看出，R_p 和 R_s 的波动较大，主要集中在 1～2Ω 之间。在提取出片上螺旋变压器的本征等效电路模型的参数后，为了进一步提高等效电路模型的精度，取直接提取出的各参数值为模型初始值，然后在初始值的基础上，在一个小范围内对各参数值进行后续的优化。表 3.2 给出了提取的片上螺旋变压器本征模型参数。

图 3.29 给出了片上螺旋变压器测试与模拟 S 参数对比曲线，频率范围为 0.1～60GHz。其中图 3.29（a）和图 3.29（b）所示为 S_{11} 幅度与相位的模拟结果与测试结果比较曲线，图 3.29（c）和图 3.29（d）所示为 S_{22} 幅度与相位的模拟结果与测试结果比较曲线，图 3.29（e）和图 3.29（f）所示为 S_{12} 幅度与相位的模拟结果与测试结果比较曲线。从图中可以看出，模拟结果与测试结果吻合得很好，说明等效电路模型能够很好地模拟测量时的电路结构。

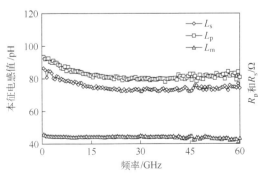

图 3.27 L_p、L_s 和 L_m 随频率变化曲线

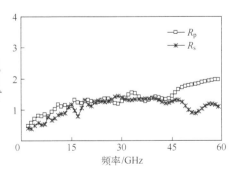

图 3.28 R_p 和 R_s 随频率变化曲线

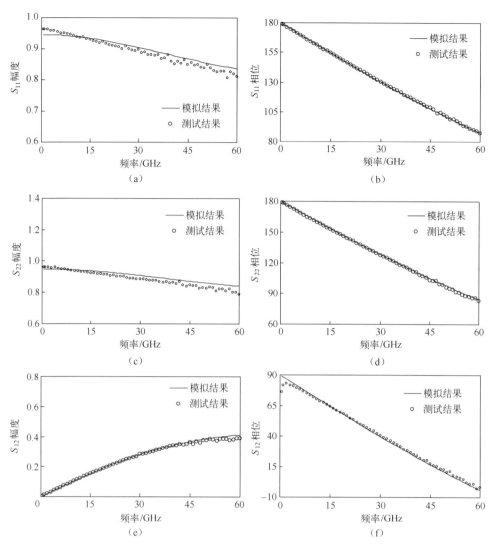

图 3.29 片上螺旋变压器测试与模拟 S 参数对比曲线

表 3.2 本征模型参数

参　　数	提　取　值
L_p/pH	75
L_s/pH	80
L_m/pH	44.1
R_p/Ω	1.44
R_s/Ω	1.32

3.5 典型片上螺旋变压器的比较

片上螺旋变压器根据绕线方式不同，主要可以分为三大类：中心抽头变压器、交叉互绕变压器及层叠式变压器。很显然，不同的结构有着不同的性能指标特性，包括互感耦合系数、一次绕组和二次绕组的自感与串联电阻、谐振频率、衬底与端口的电容及所占用的芯片面积等。为了更好地设计适用于不同电路的片上螺旋变压器，了解螺旋结构对变压器各个性能参数的影响显得尤为重要。本节给出了3种典型螺旋结构的指标特性仿真结果，比较了相应的指标性能参数。

图3.30所示的是基于电磁仿真软件设计的中心抽头结构变压器，该变压器一次绕组和二次绕组均设计在顶层金属中，材料为铝，距离衬底9.585μm，一次绕组和二次绕组金属线宽都为3μm，间距2μm，内径30μm，厚度1.325μm，一次绕组和二次绕组圈数各3圈，圈数比为1∶1。

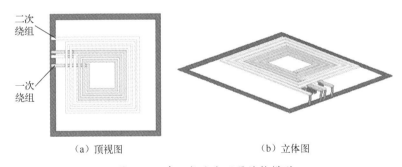

(a) 顶视图　　　　　　(b) 立体图

图3.30　中心抽头变压器结构模型

图3.31给出了交叉互绕变压器结构模型。各项几何参数与中心抽头结构相似，一次绕组和二次绕组均使用顶层金属，材料为铝，距离衬底9.585μm，一次绕组和二次绕组金属线宽都为3μm，间距2μm，内径30μm，厚度1.325μm，一次绕组和二次绕组的圈数各3圈，圈数比为1∶1。

图3.32给出了设计的层叠式变压器结构，这个结构与中心抽头结构及交叉互绕结构有些微小的区别。一次绕组和二次绕组分别设计在顶层金属和次顶层金属中，其中，一次绕组使用顶层金属，材料为铝，厚度1.325μm，金属线宽3μm，间距2μm，内径96μm，距离衬底9.585μm，圈数为1；而二次绕组使用次顶层金属，材料为铜，厚度3.3μm，金属线宽3μm，间距2μm，内径78μm，距离衬底4.835μm，共有2圈。

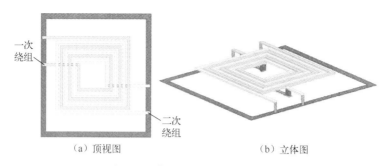

图 3.31 交叉互绕变压器结构模型

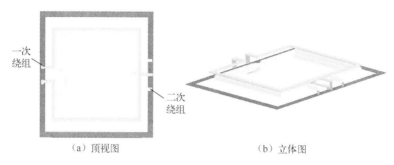

图 3.32 层叠式变压器结构模型

图 3.33 给出了 3 种片上螺旋变压器的耦合系数 k 值随频率变化曲线,从图中可以看出,交叉互绕变压器的耦合系数随频率变化最小而且数值最大,而中心抽头结构的片上螺旋变压器性能最差。主要原因是交叉互绕变压器一次绕组和二次绕组相互靠近,而中心抽头变压器的一次绕组和二次绕组相隔较远。图 3.34 给出了 3 种片上螺旋变压器的一次绕组品质因数随频率变化曲线。从图中可以看出,层叠结构的效果最好。图 3.35 给出了 3 种片上螺旋变压器的传输特性曲线比较,交叉互绕变压器的传输特性最佳。

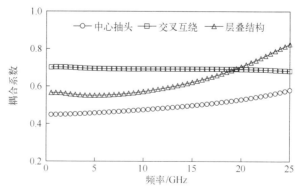

图 3.33 3 种片上螺旋变压器的耦合系数 k 值随频率变化曲线

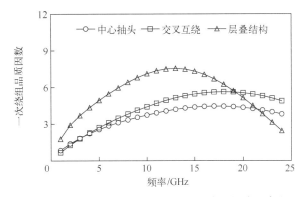

图 3.34　3 种片上螺旋变压器的一次绕组品质因数随频率变化曲线

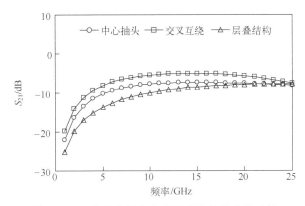

图 3.35　3 种片上螺旋变压器传输特性曲线比较

表 3.3 为不同结构的性能参数比较。其中，一次绕组和二次绕组自感 L_p 和 L_s 为低频平均值，品质因数 Q_p 和 Q_s 选取最大值。交叉互绕结构和层叠结构基本特性相似，在一次绕组和二次绕组耦合度方面，交叉互绕结构略胜一筹，交叉互绕结构的耦合系数约为 0.7，层叠结构的耦合系数约为 0.56，一次绕组和二次绕组的交错排列会增强互耦；从变压器品质因数的角度来看，层叠结构要明显优于交叉互绕结构及中心抽头结构；对于需要高品质因数的电路，可以选择层叠式变压器。从插入损耗随频率变化曲线可以看出，交叉互绕结构的插入损耗小于层叠结构及中心抽头结构的插入损耗。

表 3.3　不同结构的性能参数比较

结构	k	L_p/nH	L_s/nH	Q_{pmax}	Q_{smax}
中心抽头	0.45	1.11	0.57	4.45	3.47
交叉互绕	0.70	0.82	0.81	5.64	5.37
层叠结构	0.56	0.34	0.86	7.56	4.60

3.6 结构参数对片上螺旋变压器的影响

本节主要讨论变压器的结构参数对变压器耦合系数和传输特性的影响,主要包括交叉互绕变压器和层叠式变压器两种[17-19]。

3.6.1 交叉互绕变压器

对于交叉互绕变压器,选取其中 4 个几何参数来分析参数值变化对片上螺旋变压器性能的影响。这 4 个参数分别为:线宽 w、间距 s、内径 ID 和圈数 n,如图 3.36 所示。表 3.4~表 3.7 分别给出了不同线宽 w、不同间距 s、不同内径 ID 和不同圈数 n 情况下的变压器几何结构参数表格。

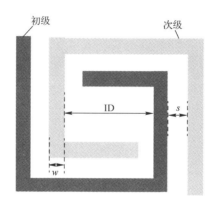

图 3.36 交叉互绕片上螺旋变压器几何参数

表 3.4 不同线宽 w 的片上螺旋变压器参数

变化参数 $w/\mu m$		固 定 参 数		
变化范围	变化间隔	n	$s/\mu m$	ID$/\mu m$
2.5~5.5	1	2	2	30

表 3.5 不同间距 s 的片上螺旋变压器参数

变化参数 $s/\mu m$		固 定 参 数		
变化范围	变化间隔	n	$w/\mu m$	ID$/\mu m$
1~4	1	2	3	30

表 3.6　不同内径 ID 的片上螺旋变压器参数

变化参数 ID/μm		固定参数		
变化范围	变化间隔	n	w/μm	s/μm
20～50	10	2	3	2

表 3.7　不同圈数 n 的片上螺旋变压器参数

变化参数 n		固定参数		
变化范围	变化间隔	ID/μm	w/μm	s/μm
1～4	1	20	3	2

图 3.37 给出了耦合系数和一次绕组品质因数随线宽变化曲线，可以看出，随着线宽 w 的增大，耦合系数 k 有小幅降低，总体来说变化不大。值得注意的是，当工作频率较高时，线宽的增加会加快耦合系数的下降速度。表 3.8 总结了线宽对变压器性能参数的影响，其中 L_p 和 L_s 分别为一次绕组和二次绕组电感，Q_{pmax} 和 Q_{smax} 分别为一次绕组和二次绕组最大电感品质因数。从表中可以看出，线宽对交叉互绕变压器的性能影响不大，包括一次绕组和二次绕组的自感。

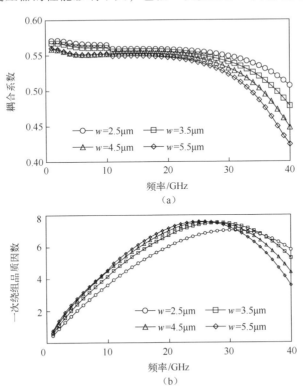

图 3.37　耦合系数和一次绕组品质因数随线宽变化曲线

表 3.8 线宽对变压器性能参数的影响

$w/\mu m$	k	L_p/nH	L_s/nH	Q_{pmax}	Q_{smax}
2.5	0.56	0.38	0.37	7.04	7.27
3.5	0.55	0.39	0.38	7.52	7.73
4.5	0.54	0.39	0.38	7.57	7.79
5.5	0.54	0.40	0.39	7.60	7.86

图 3.38 给出了耦合系数和一次绕组品质因数随间距变化曲线，很明显，间距越大则耦合系数越小，耦合系数从间距为 1μm 时的 0.62 下降至间距为 4μm 时的 0.49，但是片上螺旋变压器的耦合系数会受到工艺的限制。表 3.9 总结了间距对变压器性能参数的影响，与耦合系数的变化趋势相反，间距的增大可以提高变压器一次绕组和二次绕组的品质因数，且当间距增大到一定程度时，变压器一次绕组和二次绕组的品质因数趋于饱和。在需要高耦合度的电路中，应将变压器金属间距设计为工艺允许范围内的最小金属间距。

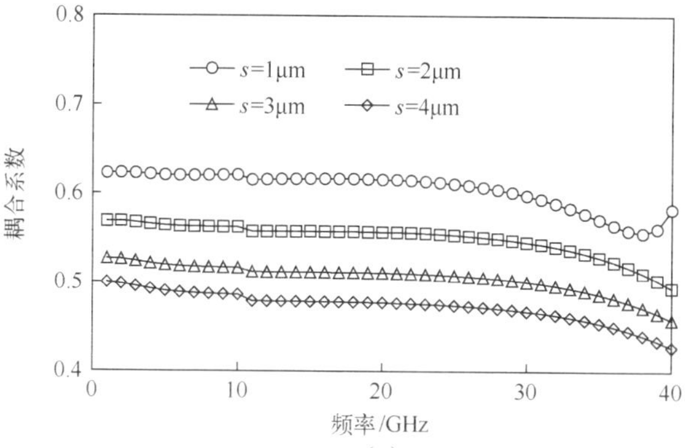

(a)

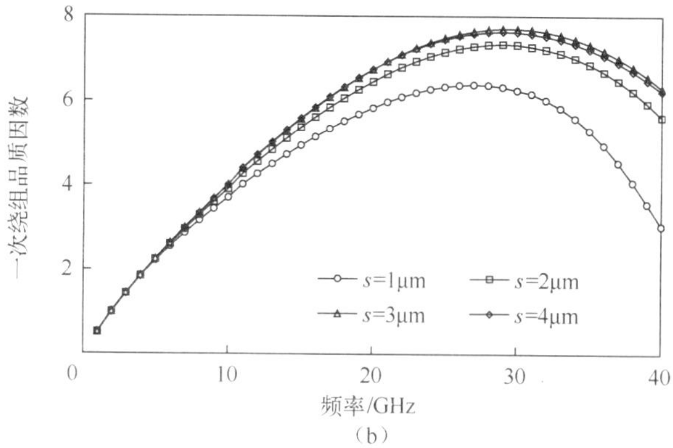

(b)

图 3.38 耦合系数和一次绕组品质因数随间距变化曲线

表 3.9　间距对变压器性能参数的影响

$s/\mu m$	k	L_p/nH	L_s/nH	Q_{pmax}	Q_{smax}
1	0.62	0.37	0.36	6.39	6.57
2	0.57	0.39	0.37	7.34	7.55
3	0.52	0.41	0.39	7.68	7.85
4	0.49	0.43	0.41	7.64	7.93

图 3.39 给出了耦合系数和一次绕组品质因数随绕组内径变化曲线，很明显，耦合系数从内径为 20μm 时的 0.5 增加至内径为 50μm 时的 0.65，当内径增大时，变压器所占用的面积也增大，磁场耦合程度随之提高。表 3.10 给出了内径对变压器性能参数的影响，随着绕组内径的增大，一次绕组和二次绕组由于金属线的长度增加而自感增大，但是增大内径会导致品质因数降低。因此，在芯片面积满足要求的条件下，应尽可能地增大内径，这样可以较大幅度地提高耦合系数及一次绕组和二次绕组的自感，减小插入损耗。

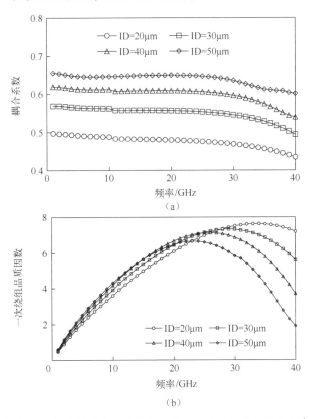

图 3.39　耦合系数和一次绕组品质因数随绕组内径变化曲线

表 3.10　内径对变压器性能参数的影响

ID/μm	k	L_p/nH	L_s/nH	Q_{pmax}	Q_{smax}
20	0.50	0.29	0.28	7.63	7.84
30	0.55	0.39	0.37	7.34	7.55
40	0.61	0.50	0.49	7.14	7.36
50	0.65	0.64	0.62	6.67	6.87

因为这里研究的是 1∶1 变压器,因此这里所说的圈数指的是一次绕组和二次绕组的圈数。圈数决定了一次绕组和二次绕组包围的磁通量,以及两个绕组的串联电阻。圈数过少会导致耦合程度过小,圈数过多则会导致变压器尺寸过大,且会增大损耗从而降低性能。图 3.40 给出了耦合系数和一次绕组品质因数随圈数变化曲线。表 3.11 总结了圈数对变压器性能参数的影响,很明显,随着绕组圈数增大,耦合系数几乎线性上升,一次绕组和二次绕组自感快速增加,但是品质因数的最大值有小幅波动。

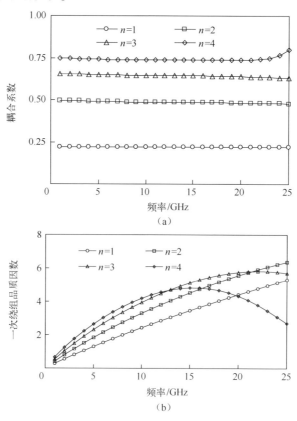

图 3.40　耦合系数和一次绕组品质因数随圈数变化曲线

表 3.11　圈数对变压器性能参数的影响

圈　数	k	L_p/nH	L_s/nH	Q_{pmax}	Q_{smax}
1	0.21	0.11	0.10	5.30	5.30
2	0.48	0.28	0.27	6.37	6.42
3	0.64	0.60	0.59	5.82	5.90
4	0.74	1.22	1.20	4.82	4.94

3.6.2　层叠式变压器

为了分析层叠式变压器的几何结构对变压器主要特性的影响，采用 65nm CMOS 工艺设计了一组圈数比固定为 1∶1（一次绕组和二次绕组均为 1 圈或 2 圈）的层叠式变压器，其结构示意图如图 3.41 所示。由于金属线间距对变压器特性影响很小，这里主要讨论线宽 w、内径 ID 和圈数 n 的影响。

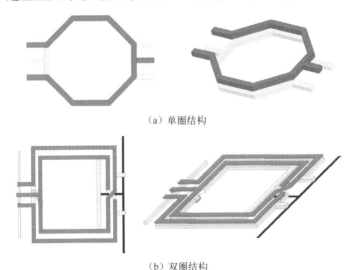

(a) 单圈结构

(b) 双圈结构

图 3.41　层叠式变压器平面图和立体图

对于层叠式变压器，图 3.42 给出了耦合系数和一次绕组品质因数随线宽变化曲线（双圈）。从图中可以看出，耦合系数会随着频率的增加而上升，同时随着线宽的增加略有增加，但是增加的幅度很小；一次绕组的品质因数会出现最大值，这也是最佳工作频率。为了多方面比较，表 3.12 和表 3.13 分别给出了单圈和双圈层叠式变压器性能参数随线宽变化情况，一次电感和二次电感数值会随着线宽的增加略有下降，一次绕组和二次绕组的品质因数变化幅度很小。

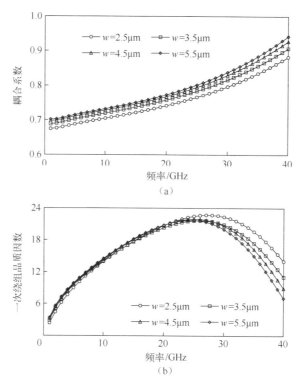

图 3.42 耦合系数和一次绕组品质因数随线宽变化曲线（双圈）

表 3.12 层叠式变压器性能参数随线宽变化情况（单圈）

$w/\mu m$	k	L_p/nH	L_s/nH	Q_{pmax}	Q_{smax}
2.5	0.56	0.12	0.13	22.6	14.4
3.5	0.58	0.11	0.11	23.5	14.7
4.5	0.60	0.11	0.11	24.3	15.6
5.5	0.61	0.10	0.10	24.8	16.6

表 3.13 层叠式变压器性能参数随线宽变化情况（双圈）

$w/\mu m$	k	L_p/nH	L_s/nH	Q_{pmax}	Q_{smax}
2.5	0.67	0.36	0.41	22.6	10.2
3.5	0.68	0.35	0.38	21.7	11.6
4.5	0.69	0.32	0.36	21.9	11.5
5.5	0.70	0.30	0.32	21.7	11.7

图 3.43 给出了耦合系数和一次绕组品质因数随内径变化曲线（一次绕组和二次绕组均为双圈）。从图 3.43 中可以看出，耦合系数会随着频率的增大而增

大，随着内径的增加有明显的增大。表 3.14 给出了层叠式变压器内径对性能参数的影响（双圈），一次电感和二次电感数值会随着内径的增加而增加，一次绕组和二次绕组的品质因数变化幅度不大。

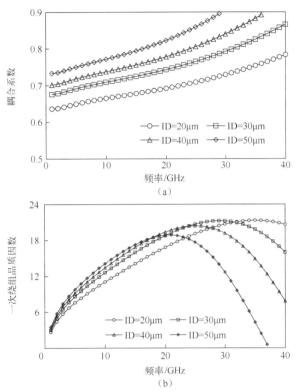

图 3.43　耦合系数和一次绕组品质因数随内径变化曲线
（一次绕组和二次绕组均为双圈）

图 3.44 给出了耦合系数和一次绕组品质因数随圈数变化曲线（一次绕组和二次绕组圈数相同）。从图 3.44 中可以看出，耦合系数会随着频率的增大而增大，随着圈数的增加有明显的增大。表 3.15 给出了不同圈数的层叠式变压器性能参数比，一次电感和二次电感数值会随着圈数的增加而增加，一次绕组和二次绕组的品质因数随着圈数的增加而快速下降。

表 3.14　层叠式变压器内径对性能参数的影响（双圈）

ID/μm	k	L_p/nH	L_s/nH	Q_{pmax}	Q_{smax}
20	0.70	0.22	0.25	18.0	8.9
30	0.71	0.29	0.31	19.8	9.8
40	0.79	0.36	0.39	20.1	10.1
50	0.82	0.45	0.48	19.5	10.1

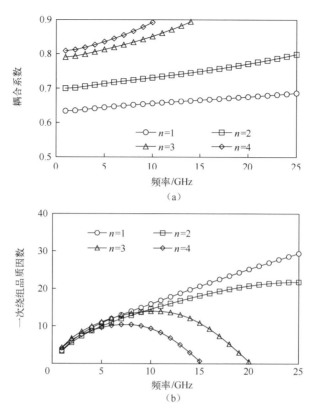

图 3.44 耦合系数和一次绕组品质因数随圈数变化曲线
(一次绕组和二次绕组圈数相同)

表 3.15 不同圈数的层叠式变压器性能参数比

圈 数	k	L_p/nH	L_s/nH	Q_{pmax}	Q_{smax}
1	0.65	0.18	0.20	38.0	19.5
2	0.70	0.48	0.52	21.8	11.6
3	0.79	0.75	0.81	14.0	7.0
4	0.81	1.04	1.10	10.3	5.4

3.7 本章小结

在射频集成电路设计中，片上螺旋变压器可以完成阻抗匹配、反馈、单端到双端的转化及在电路的级间起交流耦合作用。由于这些重要的作用，片上螺旋变压器成为一个研究热点。本章主要介绍典型的片上螺旋变压器结构、片上螺旋变压器的等效电路模型和相应的参数提取方法,分析了物理几何参数对交叉互绕变压器和层叠式变压器特性的影响。

参 考 文 献

[1] DICKSON T O, CROIX M A L, BORET S, et al. Voinigescu. 30-100GHz inductors and transformers for millimeter-wave (Bi) CMOS integrated circuits [J]. IEEE Transactions on Microwave Theory and Techniques, 2005, 53 (1): 123-133.

[2] LONG J R. Monolithic transformers for silicon RF IC design [J]. IEEE Journal Solid-State Circuits, 2000, 35 (9): 1368-1382.

[3] EL-GHARNITI O, KERHERVE E, BEGUERET J. Modeling and characterization of on-chip transformers for silicon RFIC [J]. IEEE Transactions on Microwave Theory and Techniques, 2007, 55 (4): 607-615.

[4] CHEN B, LOU L, TANG K, et al. A 13.5-19GHz 20.6-dB gain CMOS power amplifier for FM-CW radar application [J]. IEEE Microwave and Wireless Components Letters, 2017, 27 (4): 377-379.

[5] FU C T, KUO C N. 3-11GHz CMOS UWB LNA using dual feedback for broadband matching [C]. IEEE Radio Frequency Integrated Circuits Symposium, San Francisco, CA, USA, 2006: 53-56.

[6] GAN H. On-chip transformer modeling, characterization, and applications in powerand low noise amplifiers [D]. Stanford: Stanford University, 2006.

[7] LEITE B, KERHERVE E, BAPTISTE BEGUERET J, et al. Transformer topologies for MMW integrated circuits [C]. European Microwave Conference, Rome, Italy, 2009: 181-184.

[8] LIN Y S, CHEN C Z, LIANG H B, et al. High-performance on-chip transformers with partial polysilicon patterned ground shields (PGS) [J]. IEEE Transactions on Electron Devices, 2007, 54 (1): 157-160.

[9] GAO W, JIAO C, LIU T, et al. Scalable compact circuit model for differential spiral transformers in CMOS RFICs [J]. IEEE Transactions on Electron Devices, 2006, 53 (9): 2187-2193.

[10] LEE Y J, KIM C S. Q-enhanced 5GHz CMOS VCO using 4-port transformer [C]. Topical Meeting on Silicon Monolithic Integrated Circuits in RF Systems, Long Beach, CA, USA, 2007, 119-122.

[11] 陈波. 基于 CMOS 工艺的毫米波发射机芯片设计 [D]. 上海:华东师范大学,2016.

[12] SIMBURGER W, WOHLMUTH H, WEGER P. A monolithic transformer coupled 5-W silicon power amplifier with 59% PAE at 0.9GHz [J]. IEEE Journal of Solid State Circuits, 1999, 34 (12): 1881-1892.

[13] MCRORY J G. Transformer coupled stacked FET power amplifiers [J]. IEEE Journal of Solid State Circuits, 1999, 34 (2): 157-161.

[14] LAROCCA T, CHANG M F. 60GHz CMOS differential and transformer-coupled power amplifier for compact design [C]. IEEE Radio Frequency Integrated Circuits Symposium, Atlanta, GA, USA, 2008: 65-86.

[15] HUANG D, WONG R, GU Q, et al. A 60GHz CMOS differential receiver front-end using on-chip transformer for 1.2 volt operation with enhanced gain and linearity [C]. VLSI Circuits Symposium, Honolulu, HI, USA, 2006: 144-145.

[16] CHEN R, CHEN B, LUO D, et al. Direct extraction method of equivalent circuit parameters for stacked transformer [J]. Journal of infrared millimeter waves, 2016, 35 (2): 172-176.

[17] 程冉. 微波射频变压器的建模与参数提取 [D]. 上海: 华东师范大学, 2016.

[18] 高建军. 场效应晶体管射频微波建模技术 [M]. 北京: 电子工业出版社, 2007.

[19] 王皇. 基于传递函数分析的毫米波片上无源建模技术研究 [D]. 上海: 华东师范大学, 2012.

第4章

MOSFET 小信号等效电路模型和参数确定

小信号等效电路模型参数与 MOSFET 器件的物理结构和特性直接相关。器件的小信号等效电路模型可以使研究人员方便地理解器件的物理机制,深入分析器件的射频特性。同时,器件的小信号等效电路模型是大信号模型和噪声模型建模的基础,大信号模型和噪声模型中的部分参数需要从小信号等效电路模型提取得到,因此,构建精确的小信号等效电路模型并提取相应的模型参数对后续大信号模型和噪声模型的建模尤为重要[1-3]。晶体管工作在射频微波频段时,外部寄生元件对晶体管的影响已经不能忽略,因此射频 MOSFET 模型必须考虑栅极、源极和漏极的寄生网络及硅衬底的损耗特性对器件高频特性的影响。显然,建立射频微波 MOSFET 模型比建立低频模型更具挑战性。

4.1 小信号等效电路模型

如果叠加在器件静态工作点上的交流信号幅度小于热电压(kT/q),则可以认为该器件处于小信号工作状态,可近似地用线性方法分析器件的小信号特性。图 4.1 给出了射频 MOSFET 器件的小信号等效电路的立体结构图和平面结构图[1,2],可以将其划分为由外部寄生引入的元件(虚线框外)和内部本征元件(虚线框内)两部分,具体包括:

(1)焊盘寄生电容元件。

C_{oxg} 表示输入信号焊盘对地的电容,C_{oxd} 表示输出信号焊盘对地的电容,C_{pgd} 为输入信号焊盘与输出信号焊盘之间的耦合电容。

(2)焊盘寄生电阻元件。

R_{pg} 和 R_{pd} 分别表示输入信号焊盘与输出信号焊盘的衬底损耗电阻。

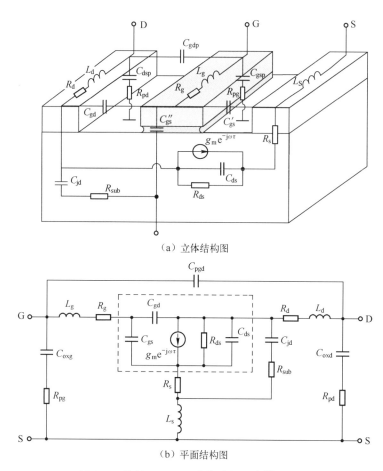

(a) 立体结构图

(b) 平面结构图

图 4.1 射频 MOSFET 器件的小信号等效电路

（3）馈线引线电感元件。

L_g、L_d 和 L_s 分别代表栅极馈线寄生电感、漏极馈线寄生电感和源极馈线寄生电感。

（4）MOSFET 器件接触电阻。

R_g 为栅极电阻，主要由沟道栅氧层上的多晶硅电阻、多晶硅与硅化物接触电阻、有源区外围的多晶硅延伸部分电阻、多晶硅与金属接触造成的接触孔电阻构成。R_d 和 R_s 则分别代表漏极和源极串联电阻，主要由接触孔电阻、硅化物电阻、硅化物与漏源结接触电阻、漏源端的扩散电阻构成。

（5）器件漏极和衬底之间的寄生耦合元件。

C_{jd} 和 R_{sub} 分别代表漏极衬底耦合电容和衬底损耗。

（6）本征电容。

栅源电容 C_{gs} 主要由栅极与沟道电容和栅源交叠电容构成。栅漏电容 C_{gd} 主要是由栅漏交叠电容构成。C_{ds} 代表漏源电容。

（7）本征跨导和漏导。

g_m 和 g_{ds}（等于 $\dfrac{1}{R_{ds}}$）分别代表器件的跨导和输出电导。参数 τ 代表与跨导相关的时间延迟。

考虑到射频 MOSFET 器件的漏极-衬底结下方有损硅阱区域的影响，需要一个由电阻 R_{sub} 和电容 C_{jd} 串联组成的耦合网络来表征。耦合网络连接在漏极和源极之间。值得注意的是，栅极到衬底的体电容被合并到本征栅极到源极的电容中。

射频 MOSFET 小信号等效电路的开路 Z 参数可以表示为[4]：

$$Z_{11} = \frac{Z_{11}^{INT} + R_s + Y_{jd} N}{1 + (Z_{22}^{INT} + R_s) Y_{jd}} + j\omega(L_g + L_s) + R_g \quad (4.1)$$

$$Z_{12} = \frac{Z_{12}^{INT} + R_s}{1 + (Z_{22}^{INT} + R_s) Y_{jd}} + j\omega L_s \quad (4.2)$$

$$Z_{21} = \frac{Z_{21}^{INT} + R_s}{1 + (Z_{22}^{INT} + R_s) Y_{jd}} + j\omega L_s \quad (4.3)$$

$$Z_{22} = \frac{Z_{22}^{INT} + R_s}{1 + (Z_{22}^{INT} + R_s) Y_{jd}} + j\omega(L_d + L_s) + R_d \quad (4.4)$$

这里

$$Y_{jd} = \frac{j\omega C_{jd}}{1 + j\omega R_{sub} C_{jd}}$$

$$N = Z_{11}^{INT} Z_{22}^{INT} - Z_{12}^{INT} Z_{21}^{INT} + R_s (Z_{11}^{INT} + Z_{22}^{INT} - Z_{12}^{INT} - Z_{21}^{INT})$$

式中，$Z_{ij}^{INT}(i,j=1,2)$ 为本征网络的 Z 参数：

$$Z_{11}^{INT} = \frac{g_{ds} + j\omega(C_{gd} + C_{ds})}{M} \quad (4.5)$$

$$Z_{12}^{INT} = \frac{j\omega C_{gd}}{M} \quad (4.6)$$

$$Z_{21}^{INT} = \frac{-g_m e^{-j\omega\tau} + j\omega C_{gd}}{M} \quad (4.7)$$

$$Z_{22}^{INT} = \frac{j\omega(C_{gs} + C_{gd})}{M} \quad (4.8)$$

这里

$$M = -\omega^2(C_{gs} C_{ds} + C_{gs} C_{gd} + C_{gd} C_{ds}) + j\omega [g_m e^{-j\omega\tau} C_{gd} + g_{ds}(C_{gs} + C_{gd})]$$

当器件工作在无偏置或沟道没有导通的情况下时，漏极电压控制电流源消失，栅极、源极及漏极之间均为容性。图 4.2 给出了相应的截止条件下射频 MOSFET 小信号等效电路图。其 Z 参数可以表示为：

$$Z_{11}^{c} = \frac{j\omega(C_{gdp}+C_{dsp})+M_{c}R_{s}+Y_{jd}[1+j\omega R_{s}(C_{gsp}+C_{dsp})]}{M_{c}+Y_{jd}[j\omega(C_{gdp}+C_{gsp})+M_{c}R_{s}]} + j\omega(L_{g}+L_{s})+R_{g} \quad (4.9)$$

$$Z_{12}^{c} = Z_{21}^{c} = \frac{j\omega C_{gdp}+M_{c}R_{s}}{M_{c}+Y_{jd}[j\omega(C_{gdp}+C_{gsp})+M_{c}R_{s}]} + j\omega L_{s} \quad (4.10)$$

$$Z_{22}^{c} = \frac{j\omega(C_{gdp}+C_{gsp})+M_{c}R_{s}}{M_{c}+Y_{jd}[j\omega(C_{gdp}+C_{gsp})+M_{c}R_{s}]} + j\omega(L_{d}+L_{s})+R_{d} \quad (4.11)$$

这里

$$M_{c} = -\omega^{2}(C_{gsp}C_{dsp}+C_{gsp}C_{gdp}+C_{gdp}C_{dsp})$$

在低频情况下，简化的截止条件下本征低频小信号等效电路模型如图 4.3 所示，其 Y 参数可以表示为：

$$Y_{11}^{cl} = j\omega(C_{gsp}+C_{gdp}) \quad (4.12)$$

$$Y_{22}^{cl} = j\omega(C_{gdp}+C_{dsp}) \quad (4.13)$$

$$Y_{12}^{cl} = Y_{21}^{cl} = -j\omega C_{gdp} \quad (4.14)$$

这里，上标 cl 表示低频截止条件。

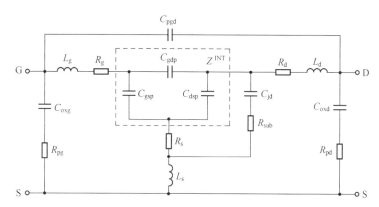

图 4.2 截止条件下射频 MOSFET 小信号等效电路图

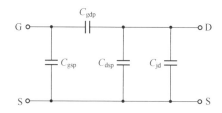

图 4.3 简化的截止条件下本征低频小信号等效电路模型

4.2 去 嵌 技 术

基于器件物理特征并在模拟器平台上展现良好收敛特性是满足设计师需求的第一步。参数提取的复杂程度将直接取决于模型的选择，同时也依赖于测试设备的准确性、去嵌技术的可靠性和模型参数提取方法的有效性等。随着器件特征尺寸的不断缩小，集成电路特征频率的不断提高，焊盘寄生和馈线寄生对在片测试器件性能的影响也变得越来越重要。如何精确削去并去除寄生元件的影响进而得到晶体管自身特性非常关键。这个过程被称为去嵌技术。

4.2.1 去嵌流程

目前比较成熟的去嵌方法有以下 3 种[5-8]：

(1) 开路去嵌法（Open De-embedding Method）。

开路去嵌法认为测试结构的寄生效应主要是由焊盘与衬底及焊盘与焊盘之间的寄生元件所导致的，忽略互连线等串联寄生元件而仅考虑焊盘的影响。该方法适用于频率低于 10GHz 的情况，而在频率较高时精度不高。

(2) 开路短路去嵌法（Open-Short De-embedding Method）。

随着频率的升高，尤其是达到毫米波频段后，为了改善去嵌方法的精度，需要应用开路短路去嵌法，与开路去嵌法相比，增加了一个独立的短路测试结构，在 50GHz 以上频段能够得到更加精确的结果。开路短路去嵌法假设所有的并联寄生都可以放在焊盘处，所有的串联寄生则等效在互连线上。

(3) 直通结构去嵌法（Thru De-embedding Method）。

直通结构去嵌法仅仅需要被测器件和一个"直通"测试结构，虽然节省了芯片面积，但前提是假定直通结构二端口网络是互易和镜像对称的，且一般的测试结构并不是绝对对称的，因此这种去嵌法具有很大的局限性。

在一般情况下，开路短路去嵌法是最为常用的方法。由于在矢量网络分析仪得到的测试数据都是以 S 参数形式输出的，因此在 MOSFET 器件模型参数提取过程中，经常会用到阻抗参数（Z 参数）和导纳参数（Y 参数），如 π 型网络中可以用 Y 参数矩阵来表征，而 T 型网络则可以选择 Z 参数矩阵，当然上述 3 种参数是可以直接相互转换的。表 4.1、表 4.2 和表 4.3 分别给出了 S 参数、Z 参数和 Y 参数之间的换算关系。

表4.1 Z 参数和 Y 参数之间的换算关系

Z 参数	Y 参数
$Z_{11} = \dfrac{Y_{22}}{Y_{11}Y_{22} - Y_{12}Y_{21}}$	$Y_{11} = \dfrac{Z_{22}}{Z_{11}Z_{22} - Z_{12}Z_{21}}$
$Z_{12} = -\dfrac{Y_{12}}{Y_{11}Y_{22} - Y_{12}Y_{21}}$	$Y_{12} = -\dfrac{Z_{12}}{Z_{11}Z_{22} - Z_{12}Z_{21}}$
$Z_{21} = -\dfrac{Y_{21}}{Y_{11}Y_{22} - Y_{12}Y_{21}}$	$Y_{21} = -\dfrac{Z_{21}}{Z_{11}Z_{22} - Z_{12}Z_{21}}$
$Z_{22} = \dfrac{Y_{11}}{Y_{11}Y_{22} - Y_{12}Y_{21}}$	$Y_{22} = \dfrac{Z_{11}}{Z_{11}Z_{22} - Z_{12}Z_{21}}$

表4.2 Z 参数和 S 参数之间的换算关系

Z 参数	S 参数
$Z_{11} = Z_o \dfrac{(1+S_{11})(1-S_{22}) + S_{12}S_{21}}{(1-S_{11})(1-S_{22}) - S_{12}S_{21}}$	$S_{11} = \dfrac{(Z_{11}-Z_o)(Z_{22}+Z_o) - Z_{12}Z_{21}}{(Z_{11}+Z_o)(Z_{22}+Z_o) - Z_{12}Z_{21}}$
$Z_{12} = Z_o \dfrac{2S_{12}}{(1-S_{11})(1-S_{22}) - S_{12}S_{21}}$	$S_{12} = \dfrac{2Z_{12}Z_o}{(Z_{11}+Z_o)(Z_{22}+Z_o) - Z_{12}Z_{21}}$
$Z_{21} = Z_o \dfrac{2S_{21}}{(1-S_{11})(1-S_{22}) - S_{12}S_{21}}$	$S_{21} = \dfrac{2Z_{21}Z_o}{(Z_{11}+Z_o)(Z_{22}+Z_o) - Z_{12}Z_{21}}$
$Z_{22} = Z_o \dfrac{(1-S_{11})(1+S_{22}) + S_{12}S_{21}}{(1-S_{11})(1-S_{22}) - S_{12}S_{21}}$	$S_{22} = \dfrac{(Z_{11}+Z_o)(Z_{22}-Z_o) - Z_{12}Z_{21}}{(Z_{11}+Z_o)(Z_{22}+Z_o) - Z_{12}Z_{21}}$

表4.3 Y 参数和 S 参数之间的换算关系

Y 参数	S 参数
$Y_{11} = Y_o \dfrac{(1-S_{11})(1+S_{22}) + S_{12}S_{21}}{(1+S_{11})(1+S_{22}) - S_{12}S_{21}}$	$S_{11} = \dfrac{(Y_o-Y_{11})(Y_o+Y_{22}) + Y_{12}Y_{21}}{(Y_{11}+Y_o)(Y_{22}+Y_o) - Y_{12}Y_{21}}$
$Y_{12} = Y_o \dfrac{-2S_{12}}{(1+S_{11})(1+S_{22}) - S_{12}S_{21}}$	$S_{12} = \dfrac{-2Y_oY_{12}}{(Y_{11}+Y_o)(Y_{22}+Y_o) - Y_{12}Y_{21}}$
$Y_{21} = Y_o \dfrac{-2S_{21}}{(1+S_{11})(1+S_{22}) - S_{12}S_{21}}$	$S_{21} = \dfrac{-2Y_oY_{21}}{(Y_{11}+Y_o)(Y_{22}+Y_o) - Y_{12}Y_{21}}$
$Y_{22} = Y_o \dfrac{(1+S_{11})(1-S_{22}) + S_{12}S_{21}}{(1+S_{11})(1+S_{22}) - S_{12}S_{21}}$	$S_{22} = \dfrac{(Y_o+Y_{11})(Y_o-Y_{22}) + Y_{12}Y_{21}}{(Y_{11}+Y_o)(Y_{22}+Y_o) - Y_{12}Y_{21}}$

图4.4给出了开路短路去嵌法需要的特殊测试结构立体图：S_1和S_2分别表示信号输入焊盘和输出焊盘，通过金属互连线连接 MOSFET 的栅极和漏极；G 表示接地焊盘，通过互连线连接被测器件 DUT 的源极和衬底。图4.4中，图4.4（a）

表示包含被测器件的测试结构；图 4.4（b）所示为不包含被测器件和互连线的开路测试结构；图 4.4（c）所示为输入端口、输出端口与衬底层短接的短路测试结构，同样不包含被测器件。值得注意的是，在芯片上制作两个结构时，要保证和器件测试结构尺寸完全一致且不包含有源器件。

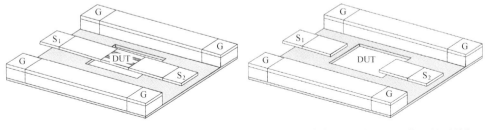

（a）包含被测器件的测试结构　　　　　　（b）不包含被测器件和互连线的开路测试结构

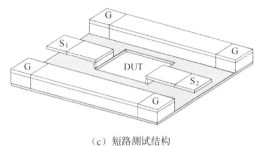

（c）短路测试结构

图 4.4　测试结构立体图

具体的去嵌步骤如下：

（1）采用微波在片系统测试图 4.4（a）所示的包含被测器件测试结构的 S 参数 S_{meas}，并将 S 参数转换为 Y 参数 Y_{meas}。

（2）测试图 4.4（b）和图 4.4（c）所示的开路测试结构 S 参数 S_{open} 和短路测试结构 S 参数 S_{short}，同样将其分别转换为 Y 参数 Y_{open} 和 Y_{short}。

（3）剥离被测器件上焊盘所造成的并联寄生元件：

$$Y_{\text{DUT1}} = Y_{\text{meas}} - Y_{\text{open}}$$

并将 Y 参数转换为 Z 参数 Z_{DUT1}。

（4）剥离短路测试结构上焊盘的寄生元件，得到馈线寄生 Y 参数：

$$Y_{\text{short1}} = Y_{\text{short}} - Y_{\text{open}}$$

并将 Y 参数转换为 Z 参数 Z_{short1}。

（5）根据步骤（3）和（4）得到的 Z 参数，即可得到被测器件本身的 Z 参数：

$$Z_{\text{DUT}} = Z_{\text{DUT1}} - Z_{\text{short1}}$$

（6）将得到的 Z 参数转换为 S 参数，就可以得到器件本身的 S 参数 S_{DUT}，去嵌流程图如图 4.5 所示。

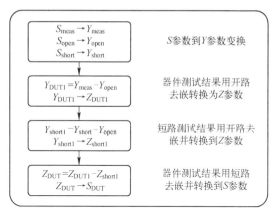

图 4.5 去嵌流程图

为了比较开路去嵌法和开路短路去嵌法两种去嵌方法的区别，图 4.6 给出了采用两种去嵌方法去嵌前后参数 Y_{11} 和 Y_{22} 对比曲线[9-11]。MOSFET 晶体管结构参数为栅长 0.13μm、栅宽 5μm、栅指数 16。当频率低于 10GHz 时，开路去嵌法和开路短路去嵌法所得到的去嵌后的数据差别很小，这是由于当频率比较低时，互连线寄生电阻和寄生电感的影响可以忽略不计。但是随着频率的不断升高，两种

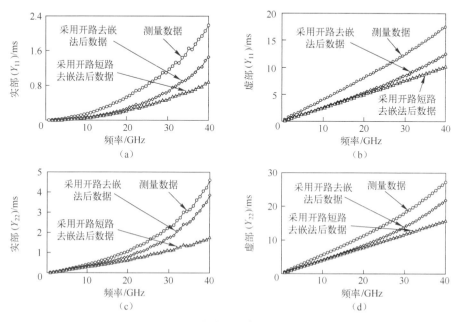

图 4.6 去嵌前后 Y 参数对比曲线

去嵌方法得到的去嵌后数据之间的差别也越来越大，这是因为随着频率的升高，互连线寄生电感的影响不断增大，不能忽略寄生电感的存在所致。因此为了得到精确的射频微波晶体管模型参数，当工作频率大于 10GHz 时，必须采用开路短路去嵌法。所以我们在提取射频微波 MOSFET 器件模型参数之前，必须先对数据进行去嵌处理，从而消除测试结构带来的影响。

4.2.2 开路结构等效电路模型

MOSFET 测试结构版图与去嵌结构版图如图 4.7 所示。图中，测试结构长为 235μm、宽为 230μm，器件测试结构和去嵌结构具有相同的焊盘与金属互连线版图。所有版图结构的左边是输入焊盘，右边是输出焊盘，左右两边均采用中心间距为 100μm 的 GSG 结构微波探针。图 4.7（a）表示不包括被测器件与互连线的开路测试结构版图，其中 G、D 分别表示信号输入焊盘和输出焊盘，分别通过互连线连接 MOSFET 的栅极和漏极，S 表示接地焊盘，通过互连线连接被测器件的源极与衬底。图 4.7（b）表示的是包含互连线的开路测试结构版图，连接晶体管栅极、源极和漏极的三根互连线悬空开路，d 表示互连线的宽度。图 4.8 给出了相应的开路结构等效电路模型。

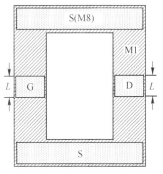 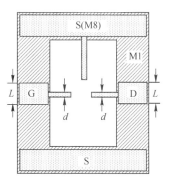

（a）不包括被测器件与互连线的开路测试结构版图　　（b）包括互连线的开路测试结构版图

图 4.7　开路测试结构版图

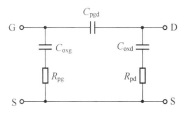

图 4.8　开路结构等效电路模型

测试结构采用典型的 0.13μm RF CMOS 8 层金属工艺设计并进行流片制作。图 4.9 为测试结构横截面图。从图中可以看出,与探针接触的信号焊盘采用顶层金属 M8 层制作。制作接地焊盘时,顶层金属 M8 层与底层金属 M1 层通过通孔和中间层金属相连,底层金属 M1 层扩展到了连接源极与漏极的信号焊盘下方,这种结构可以降低测试结构信号焊盘与衬底耦合[12]。

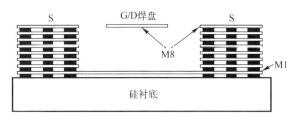

图 4.9 测试结构横截面图

图 4.10 表示测试结构金属层、接触孔、通孔及介质层的结构示意图。从图中可以看出,其一共有 8 层厚度不同的金属层,编号分别为 M1~M8,M1 为底层金属层,M8 为顶层金属层;CT 表示接触孔;V1~V7 表示金属层之间的通孔;钝化层有 3 层,分别为 Pass1、Pass2 和 Pass3,它们的厚度与介电常数各不相同;介质层一共 19 层,分别为 ILD1a、ILD1b、ILD1c、IMD1a、IMD1b~IMD8a 和 IMD8b。

分析测试结构可以发现,信号焊盘与接地金属层之间存在的氧化层寄生电容(C_{oxg} 和 C_{oxd})可以利用平板电容器的公式近似估计。寄生电容的电介质由多层不同厚度 d、不同介电常数 ε 的一系列绝缘层组成。这些绝缘层可以等效为一层厚度为 d_{total}、介电常数为 $\varepsilon_{r,total}$ 的介质层。构成信号焊盘的金属层 M8 与接地屏蔽层 M1 之间一共有 14 层介质层,分别为 IMD2a、IMD2b、IMD3a、IMD3b、⋯、IMD8a、IMD8b,等效介质层的厚度 d_{total} 等于通孔 V1~V7 的厚度与金属层 M2~M7 厚度之和,即

$$d_{total} = \sum_{i=1}^{7} d_{Vi} + \sum_{j=2}^{7} d_{Mj} \tag{4.15}$$

式中,d_{Vi} 和 d_{Mj} 分别为通孔和金属层的厚度。

计算等效介电常数时,可以假设 M8 金属层与接地屏蔽层 M1 之间形成的寄生电容由一系列子电容串联而成,组成每个子电容的电介质为介电常数不变的介质层。见图 4.10,由于 M8 与 M1 之间共有 14 层电介质,因此 M8 与 M1 之间形成的寄生电容由 14 个寄生电容串联组成。根据平板电容的定义,有

$$C_{total} = \varepsilon_o \varepsilon_{r,total} \frac{A}{d} \tag{4.16}$$

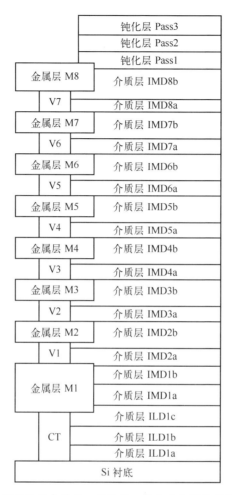

图 4.10 测试结构金属层、接触孔、通孔及介质层的结构示意图

式中，ε_o 表示真空中的介电常数；$\varepsilon_{r,total}$ 表示相对介电常数；A 表示平板的面积；d 表示两块平板之间的距离。

对于图 4.11 所示的电容，总电容的倒数等于各个子电容倒数之和，即

$$\frac{1}{C_{total}} = \sum_{i=2}^{8} \frac{1}{C_{ia}} + \sum_{j=2}^{8} \frac{1}{C_{jb}} \quad (4.17)$$

从而有

$$\frac{d_{total}}{\varepsilon_o \varepsilon_{r,total} A} = \sum_{i=2}^{8} \frac{d_{ia}}{\varepsilon_o \varepsilon_{r,ia} A} + \sum_{j=2}^{8} \frac{d_{jb}}{\varepsilon_o \varepsilon_{r,jb} A} \quad (4.18)$$

化简可得

$$\varepsilon_{\mathrm{r,total}} = \frac{d_{\mathrm{total}}}{\sum\limits_{i=2}^{8}\dfrac{d_{ia}}{\varepsilon_{\mathrm{r},ia}} + \sum\limits_{j=2}^{8}\dfrac{d_{jb}}{\varepsilon_{\mathrm{r},jb}}} \qquad (4.19)$$

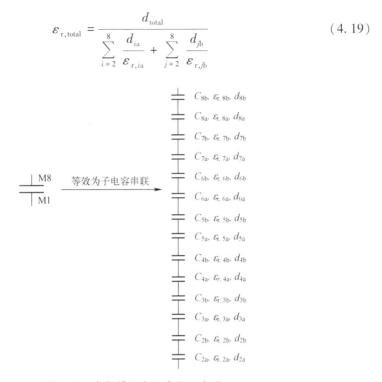

图 4.11　求解等效介电常数示意图

根据上述各式即可计算出等效介电常数 $\varepsilon_{\mathrm{r,total}}$，从而可以估计氧化层电容。

利用电磁仿真可以确定等效电路模型参数，另外一个途径是通过 S 参数测试来获得。开路测试结构等效电路模型的导纳 Y 参数矩阵可以表示为：

$$Y^{\mathrm{o}} = \begin{pmatrix} \dfrac{\mathrm{j}\omega C_{\mathrm{oxg}}}{1+\mathrm{j}\omega C_{\mathrm{oxg}} R_{\mathrm{pg}}} + \mathrm{j}\omega C_{\mathrm{pgd}} & -\mathrm{j}\omega C_{\mathrm{pgd}} \\ -\mathrm{j}\omega C_{\mathrm{pgd}} & \dfrac{\mathrm{j}\omega C_{\mathrm{oxd}}}{1+\mathrm{j}\omega C_{\mathrm{oxd}} R_{\mathrm{pd}}} + \mathrm{j}\omega C_{\mathrm{pgd}} \end{pmatrix} \qquad (4.20)$$

根据导纳 Y 参数矩阵很容易推导出各个寄生元件的数学表达式：

$$C_{\mathrm{oxg}} = -\frac{1}{\omega \mathrm{Im}\left(\dfrac{1}{Y_{11}^{\mathrm{o}}+Y_{12}^{\mathrm{o}}}\right)} \qquad (4.21)$$

$$C_{\mathrm{oxd}} = -\frac{1}{\omega \mathrm{Im}\left(\dfrac{1}{Y_{22}^{\mathrm{o}}+Y_{12}^{\mathrm{o}}}\right)} \qquad (4.22)$$

第 4 章 MOSFET 小信号等效电路模型和参数确定

$$C_{\text{pdg}} = -\frac{\text{Im}(Y_{12}^{\text{o}})}{\omega} \qquad (4.23)$$

$$R_{\text{pg}} = \text{Re}\left(\frac{1}{Y_{11}^{\text{o}} + Y_{12}^{\text{o}}}\right) \qquad (4.24)$$

$$R_{\text{pd}} = \text{Re}\left(\frac{1}{Y_{22}^{\text{o}} + Y_{12}^{\text{o}}}\right) \qquad (4.25)$$

基于 130nm 标准 CMOS 工艺制作开路测试结构,图 4.12 给出了相应的等效电路模型参数提取结果,其中氧化层电容 C_{oxg} 和 C_{oxd} 很接近(约为 20fF),而耦合电容 C_{pgd} 很小,接近 1fF。寄生电阻 R_{pd} 和 R_{pg} 直到较高的频段才比较稳定(约为 30Ω)。图 4.13 给出了基于 90nm 标准 CMOS 工艺制作的开路测试结构的等效电路模型参数提取结果,其中栅极氧化层电容 C_{oxg} 约为 120fF,漏极氧化层电容 C_{oxd} 约为 115fF,耦合电容 C_{pgd} 接近 1fF,而寄生电阻 R_{pd} 和 R_{pg} 均在 8~12Ω 之间,其平均值可以作为提取数值。图 4.14 给出了基于 90nm 标准 CMOS 工艺开路测试结

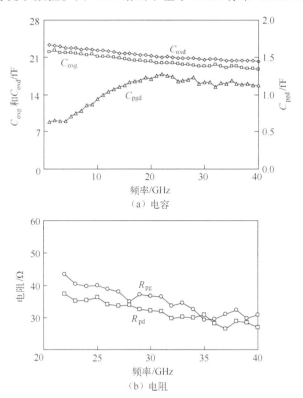

图 4.12 基于 130nm 标准 CMOS 工艺开路等效电路模型参数提取结果

构 S 参数对比曲线。从图中可以看出，模拟结果和测试结果吻合得较好，证明了提取方法的可行性。

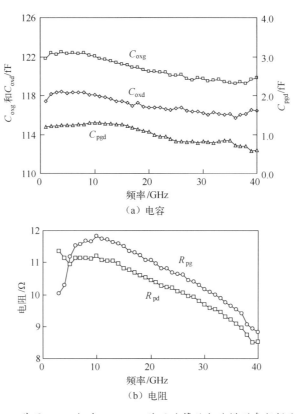

图 4.13 基于 90nm 标准 CMOS 工艺开路等效电路模型参数提取结果

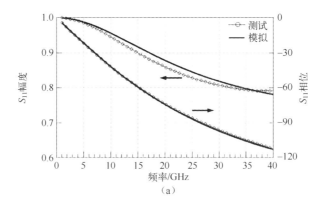

图 4.14 基于 90nm 标准 CMOS 工艺开路测试结构 S 参数对比曲线

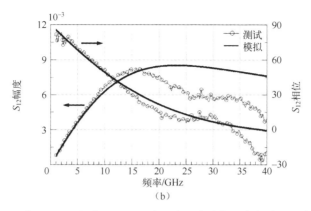

图 4.14 基于 90nm 标准 CMOS 工艺开路测试结构 S 参数对比曲线（续）

4.2.3 短路结构等效电路模型

图 4.15（a）和 4.15（b）分别给出了短路测试结构立体图和平面结构示意图。值得注意的是，短路测试结构并不包括待测器件，可将连接晶体管栅极、源极和漏极的三根互连线短接。图 4.15（c）给出了相应的短路测试结构模型：R_{lg} 和 L_g 表征栅极引线的寄生电阻和电感；R_{ld} 和 L_d 表征漏极引线的寄生电阻和电感；R_{ls} 和 L_s 表征源极引线的寄生电阻和电感。

首先需要削去开路寄生网络：

$$Y^{short} = Y^{shortm} - Y^{open} \tag{4.26}$$

其中，Y^{shortm} 为由测量短路测试结构得到的 S 参数转化而来的导纳矩阵；Y^{open} 为由测量开路测试结构得到的 S 参数转化而来的导纳矩阵；Y^{short} 为图 4.15（c）中虚线框内网络的 Y 参数，相应的开路矩阵 Z^{short} 可以表示为：

$$Z_{11}^{short} = R_{lg} + R_{ls} + j\omega(L_g + L_s) \tag{4.27}$$

$$Z_{12}^{short} = Z_{21}^{short} = R_{ls} + j\omega L_s \tag{4.28}$$

$$Z_{22}^{short} = R_{ld} + R_{ls} + j\omega(L_d + L_s) \tag{4.29}$$

根据上述各式可以直接获得模型参数的表达式：

$$R_{lg} = \mathrm{Re}(Z_{11}^{short} - Z_{12}^{short}) \tag{4.30}$$

$$R_{ld} = \mathrm{Re}(Z_{22}^{short} - Z_{21}^{short}) \tag{4.31}$$

$$R_{ls} = \mathrm{Re}(Z_{12}^{short}) \tag{4.32}$$

$$L_g = \frac{\mathrm{Im}(Z_{11}^{short} - Z_{12}^{short})}{\omega} \tag{4.33}$$

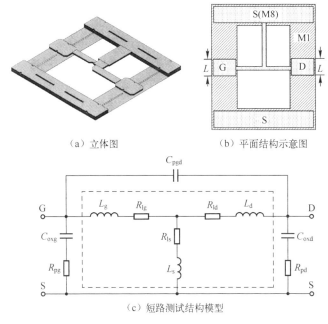

(a) 立体图   (b) 平面结构示意图

(c) 短路测试结构模型

图 4.15 短路测试结构

$$L_d = \frac{\text{Im}(Z_{22}^{\text{short}} - Z_{21}^{\text{short}})}{\omega} \quad (4.34)$$

$$L_s = \frac{\text{Im}(Z_{12}^{\text{short}})}{\omega} \quad (4.35)$$

对基于 130nm 标准 CMOS 工艺制作的短路测试结构进行测试[10]，提取的电路结果分别如图 4.16 和图 4.17 所示。图 4.18 给出了短路测试结构的 S 参数测

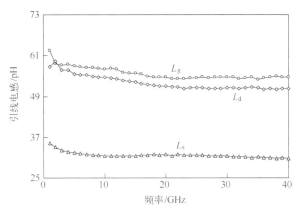

图 4.16 引线电感提取曲线（130nm 工艺）

量与仿真数据对比曲线，频率范围为 0.1～40GHz。从图 4.18 中不难看出，测量数据和仿真数据吻合得很好。

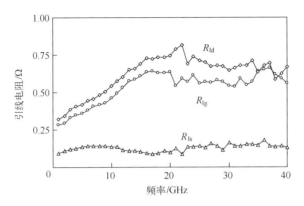

图 4.17　引线电阻提取曲线（130nm 工艺）

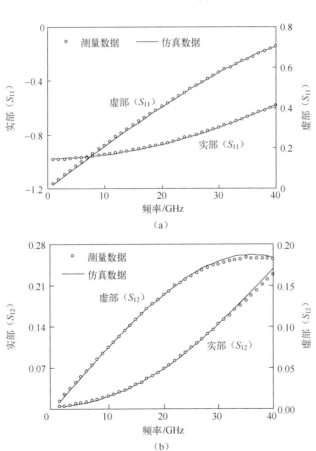

(a)

(b)

图 4.18　短路测试结构的 S 参数测量与仿真数据对比曲线（130nm 工艺）

图 4.19 和图 4.20 分别给出了基于 90nm 标准 CMOS 工艺下的短路结构模型元件提取结果曲线。焊盘寄生元件参数和馈线寄生元件参数见表 4.4。

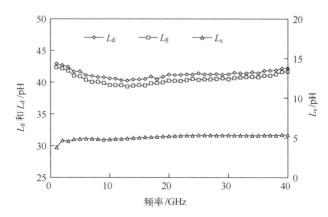

图 4.19 短路结构模型的寄生电感提取结果曲线（90nm 工艺）

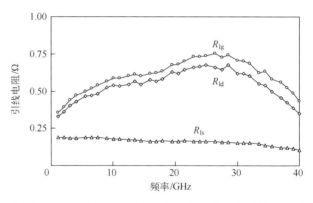

图 4.20 短路结构模型的引线电阻提取结果曲线（90nm 工艺）

表 4.4 焊盘寄生元件参数和馈线寄生元件参数（90nm 工艺）

参数类型	模型参数	数值	模型参数	数值
焊盘寄生元件参数	C_{oxg}/fF	116.6	C_{oxd}/fF	114.5
	C_{pgd}/fF	0.8	R_{pg}/Ω	10
	R_{pd}/Ω	10.3		
馈线寄生元件参数	L_g/pH	40	L_d/pH	40
	L_s/pH	5	R_{lg}/Ω	0.6
	R_{ld}/Ω	0.5	R_{ls}/Ω	0.2

4.2.4 趋肤效应的影响

趋肤效应是一个广为人知的物理现象。当高频电流通过导线时,趋肤效应的存在会导致电流在导体横截面上不均匀分布,电流集中在导体的表面流动,越接近导体表面,电流密度越大,等效于导体的横截面积减小,电阻数值因此增大。传统的短路测试结构模型并没有考虑到高频电流引起的趋肤效应,如果提取的馈线损耗电阻随频率的增加而增大,如图4.21所示,那么需要建立一个考虑趋肤效应的电路模型[13-15]。

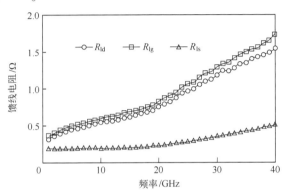

图4.21 含有趋肤效应的电阻提取曲线

图4.22给出了一种考虑趋肤效应的短路测试结构等效电路模型。图中,R_{lga}、R_{lda}和R_{lsa}表征引线的损耗电阻效应;L_{lga}、L_{lda}和L_{lsa}是馈线的自身电感。三条引线的趋肤效应利用下面三个电阻和电感并联网络来表征:R_{lgb}和L_{lgb},R_{ldb}和L_{ldb},R_{lsb}和L_{lsb}。

在上述等效电路模型中,利用栅极引线阻抗Z_{lg}、漏极引线阻抗Z_{ld}和源极引线阻抗Z_{ls}可以表示Z参数矩阵:

$$\mathbf{Z}^{\text{short}} = \begin{pmatrix} Z_{lg}+Z_{ls} & Z_{ls} \\ Z_{ls} & Z_{ld}+Z_{ls} \end{pmatrix} \quad (4.36)$$

这里

$$Z_{ld} = R_{lda}+j\omega L_{lda}+j\omega R_{ldb}L_{ldb}/(j\omega L_{ldb}+R_{ldb})$$
$$Z_{lg} = R_{lga}+j\omega L_{lga}+j\omega R_{lgb}L_{lgb}/(j\omega L_{lgb}+R_{lgb})$$
$$Z_{ls} = R_{lsa}+j\omega L_{lsa}+j\omega R_{lsb}L_{lsb}/(j\omega L_{lsb}+R_{lsb})$$

在低频情况下,R_{lga}、R_{lda}和R_{lsa}可以直接由阻抗实部获得,低频电感L_{lga}、L_{lda}和L_{lsa}也可以根据阻抗虚部直接计算,其他参数需要利用半分析法获得。

所有寄生参数提取结果在表4.5中一一列出。新的短路测试结构模拟结果和短路测试结构测量结果的比较如图4.23所示。图中依次为S_{11}、S_{12}和S_{22}的幅度和相位的模拟值和测量值的比较。

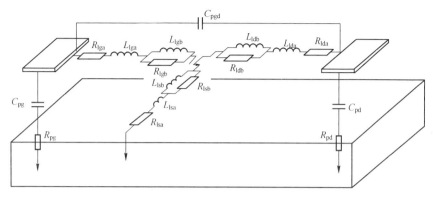

(a) 立体图

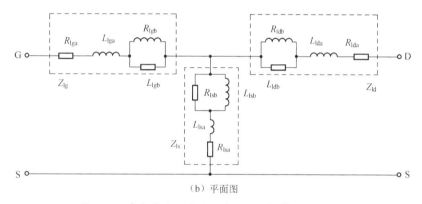

(b) 平面图

图 4.22 考虑趋肤效应的短路测试结构等效电路模型

表 4.5 测试结构的寄生参数

参数类型	参数	数值
焊盘寄生参数	C_{pg}/fF	121
	C_{pd}/fF	117
	C_{pgd}/fF	1.2
	R_{pg}/Ω	9.8
	R_{pd}/Ω	10.5
馈线参数	R_{lga}/Ω	0.4
	R_{lda}/Ω	0.34
	R_{lsa}/Ω	0.18
	R_{lgb}/Ω	3
	R_{ldb}/Ω	3
	R_{lsb}/Ω	6.5

续表

参数类型	参 数	数 值
馈线参数	L_{1ga}/pH	30
	L_{1da}/pH	31
	L_{1sa}/pH	0.1
	L_{1gb}/pH	10
	L_{1db}/pH	10
	L_{1sb}/pH	4.5

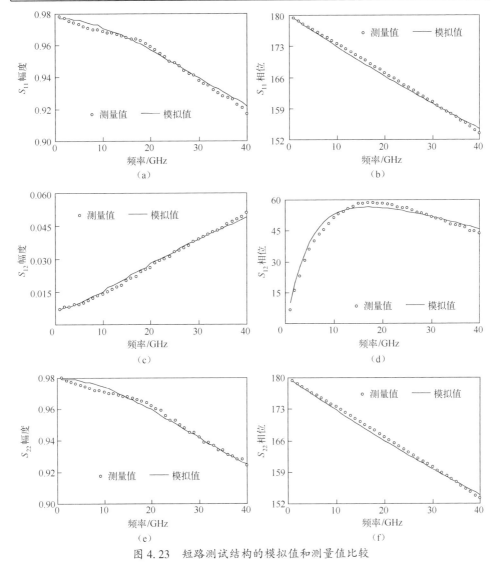

图 4.23 短路测试结构的模拟值和测量值比较

图 4.24 给出了考虑趋肤效应模型和传统模型的误差比较。可以发现，考虑趋肤效应模型比传统模型误差要小，S_{11} 和 S_{22} 的精度提高了 1%，S_{12}（S_{21} 与 S_{12} 相同）的精度提高了近 8%。误差函数定义公式为：

$$\Delta S_{pq}^{N} = |S_{pq}^{N} - S_{pq}^{M}| / |S_{pq}^{M}| \qquad (4.37)$$

$$\Delta S_{pq}^{C} = |S_{pq}^{C} - S_{pq}^{M}| / |S_{pq}^{M}| \qquad (4.38)$$

式中，$\Delta S_{pq}^{N}(p,q=1,2)$ 表示考虑趋肤效应模型中模拟 S 参数和测量短路结构得到的 S 参数的误差；$\Delta S_{pq}^{C}(p,q=1,2)$ 表示传统短路模型模拟 S 参数和测量短路结构得到的 S 参数的误差；S_{pq}^{M} 表示测量短路结构得到的 S 参数。

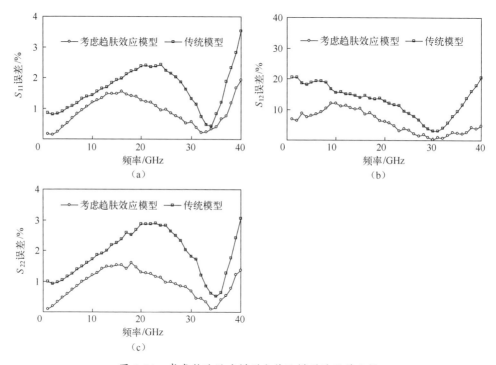

图 4.24 考虑趋肤效应模型和传统模型的误差比较

4.2.5 引线电感的确定方法

在截止状态下，即 V_{gs} 远小于阈值电压，且 $V_{ds}=0\mathrm{V}$ 时，栅源电容 C_{gsp}、栅漏电容 C_{gdp} 和漏源电容 C_{dsp} 可以利用 Y 参数的虚部 $\mathrm{Im}(Y_{ij}^{cl})$ 来获得：

$$C_{gsp} = \frac{\mathrm{Im}(Y_{11}^{cl}+Y_{12}^{cl})}{\omega} \qquad (4.39)$$

$$C_{\text{gdp}} = -\frac{\text{Im}(Y_{12}^{\text{cl}})}{\omega} \quad (4.40)$$

$$C_{\text{jd}} + C_{\text{dsp}} = \frac{\text{Im}(Y_{22}^{\text{cl}} + Y_{12}^{\text{cl}})}{\omega} \quad (4.41)$$

图 4.25 给出了在低频条件下提取得到的 C_{gsp}、C_{gdp} 和 $C_{\text{dsp}} + C_{\text{jd}}$，忽略 ω 的高次项的情况下可以直接计算寄生电感：

$$L_{\text{g}} \approx \frac{\text{Im}(Z_{11}^{\text{c}} - Z_{12}^{\text{c}}) + (C_{\text{dsp}} + C_{\text{jd}})/\omega B}{\omega} \quad (4.42)$$

$$L_{\text{d}} \approx \frac{\text{Im}(Z_{22}^{\text{c}} - Z_{12}^{\text{c}}) + C_{\text{gsp}}/\omega B}{\omega} \quad (4.43)$$

$$L_{\text{s}} \approx \frac{\text{Im}(Z_{12}^{\text{c}}) + C_{\text{gdp}}/\omega B}{\omega} \quad (4.44)$$

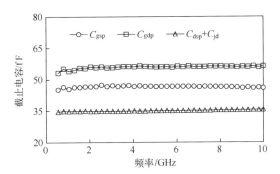

图 4.25 低频条件下的本征电容曲线

这里

$$B = C_{\text{gsp}} C_{\text{gdp}} + C_{\text{gsp}}(C_{\text{dsp}} + C_{\text{jd}}) + C_{\text{gdp}}(C_{\text{dsp}} + C_{\text{jd}})$$

寄生电感的提取结果如图 4.26 所示。

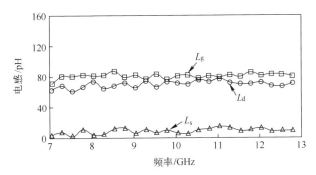

图 4.26 寄生电感的提取结果

4.3 寄生电阻的确定方法

栅极电阻的存在对电路性能的影响很大,会引入热噪声,增大电路的噪声系数,影响晶体管的开关速度和最大振荡频率,因此在版图设计时,要考虑尽可能地减小栅极电阻。由版图设计、工艺制程及器件退化等因素导致寄生电阻的产生,对输入/输出阻抗匹配、噪声特性及振荡频率等都有很大影响。寄生电阻的提取精度会直接影响整体建模的精确性。因此,如何精确地提取寄生电阻一直是学术界研究的热点问题之一。

目前,常用寄生电阻的确定方法主要包括 Cold-FET 方法、正常偏置方法及截止状态方法[4,16,17]。下面分别介绍3种方法并对提取的寄生电阻进行比较。

4.3.1 Cold-FET 方法

Cold-FET 方法是指令晶体管偏置在强反型区(如 $V_{gs}=1.2V$ 且 $V_{ds}=0V$)的情况。在这样的偏置条件下,跨导 g_m 很小,基本为零,可以忽略不计,且由于反向 PN 结引入的衬底寄生的阻抗要远大于源寄生电阻 R_s 和沟道电阻 R_{ch},所以在此条件下,等效电路模型可简化为图 4.27[16]。

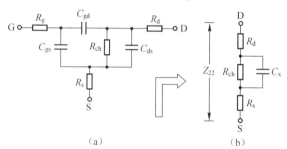

图 4.27 强反型区的等效电路模型($V_{gs}=1.2V$ 且 $V_{ds}=0V$)

根据小信号等效电路模型有:

$$\mathrm{Re}(Z_{11}) = R_g + R_s + \frac{A}{4} \tag{4.45}$$

$$\mathrm{Re}(Z_{12}) = \mathrm{Re}(Z_{21}) = \frac{A}{2} \tag{4.46}$$

$$\mathrm{Re}(Z_{22}) = R_d + R_s + A \tag{4.47}$$

式中:

$$A = \frac{R_{ch}}{1+\omega^2 C_x R_{ch}^2}$$

$$C_x = C_{ds} + \frac{C_{gs}C_{gd}}{C_{gs}+C_{gd}}$$

Z_{22} 的虚部为:

$$\text{Im}(Z_{22}) = -\frac{\omega C_x R_{ch}^2}{1+\omega^2 C_x^2 R_{ch}^2} \qquad (4.48)$$

即

$$-\frac{\omega}{\text{Im}(Z_{22})} = C_x \omega^2 + \frac{1}{R_{ch}^2 C_x} \qquad (4.49)$$

由此,根据 $-\omega/\text{Im}(Z_{22})$ 与 ω^2 关系曲线的斜率和截距即可求得 C_x 与 R_{ch}。当 C_x 与 R_{ch} 确定之后,R_s、R_d 和 R_g 可直接通过计算得到,寄生电阻提取结果曲线如图 4.28 所示。

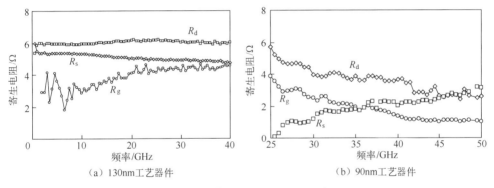

图 4.28 寄生电阻提取结果曲线

4.3.2 正常偏置方法

在任意正常工作偏置条件,且忽略衬底寄生效应的情况下,小信号等效电路模型如图 4.29[17]所示,开路 Z 参数可描述为:

$$Z_{11} = R_g + R_s + j\omega(L_g + L_s) + \frac{g_{ds} - j\omega(C_{gd}+C_{ds})}{D} \qquad (4.50)$$

$$Z_{12} = R_s + j\omega L_s + \frac{j\omega C_{gd}}{D} \qquad (4.51)$$

$$Z_{21} = R_s + j\omega L_s - \frac{g_m - j\omega C_{gd}}{D} \qquad (4.52)$$

$$Z_{22} = R_d + R_s + j\omega(L_d + L_s) + \frac{j\omega(C_{gs} + C_{gd})}{D} \qquad (4.53)$$

式中：
$$D = -\omega^2(C_{gs}C_{ds} + C_{gs}C_{gd} + C_{gd}C_{ds}) + j\omega[g_m C_{gd} + g_{ds}(C_{gs} + C_{gd})]$$

Z 参数的实部可以表示为：

$$\mathrm{Re}(Z_{12}) = R_s + \frac{A_s}{\omega^2 + B} \qquad (4.54)$$

$$\mathrm{Re}(Z_{22} - Z_{12}) = R_d + \frac{A_d}{\omega^2 + B} \qquad (4.55)$$

$$\mathrm{Re}(Z_{11} - Z_{12}) = R_g + \frac{A_g}{\omega^2 + B} \qquad (4.56)$$

式中，A_s、A_d、A_g 和 B 为与本征参数相关且与频率无关的常数。而后可以采用曲线拟合的方法提取3个串联寄生电阻 R_s、R_d 和 R_g。在高频条件下，假设 $\omega^2 \gg B$，则上述公式可化简为：

$$\mathrm{Re}(Z_{12}) = R_s + A_s \omega^{-2} \qquad (4.57)$$

$$\mathrm{Re}(Z_{22} - Z_{12}) = R_d + A_d \omega^{-2} \qquad (4.58)$$

$$\mathrm{Re}(Z_{11} - Z_{12}) = R_g + A_g \omega^{-2} \qquad (4.59)$$

做 $\mathrm{Re}(Z_{ij})$（$i=1,2;j=1,2$）随 ω^{-2} 线性变化曲线，根据直线在纵轴上的截距，即可得到寄生串联电阻的值。

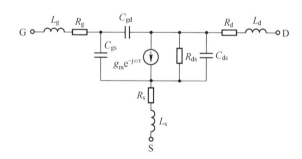

图 4.29 任意正常工作偏置条件下的小信号等效电路模型

4.3.3 截止状态方法

晶体管在零偏置条件下（$V_{gs} = V_{ds} = 0\mathrm{V}$）跨导接近于零，如果忽略衬底寄生的影响，剥离焊盘寄生元件及馈线寄生电感后的等效电路如图 4.30 所示。

利用图 4.30 所示等效电路的开路 Z 参数可以直接确定寄生电阻：

第 4 章　MOSFET 小信号等效电路模型和参数确定

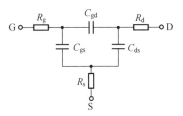

图 4.30　传统零偏置条件下的小信号等效电路模型

$$R_g = \text{Re}(Z_{11}) - \text{Re}(Z_{12}) \tag{4.60}$$

$$R_s = \text{Re}(Z_{12}) \tag{4.61}$$

$$R_d = \text{Re}(Z_{22}) - \text{Re}(Z_{12}) \tag{4.62}$$

因此根据上述各式即可提取得到寄生电阻的值，提取结果曲线如图 4.31 所示。

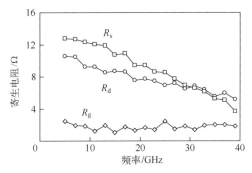

图 4.31　零偏置条件下的寄生电阻提取结果曲线

在计算过程中，上述给出的参数提取方法忽略了衬底寄生，包括衬底电阻和电容的影响，将造成在高频条件下寄生电阻随频率变化的问题。由于硅是半导体，具有低电阻特性，不能将晶体管与衬底完全隔离，因此会出现衬底耦合效应。当器件工作在高频频段时，一部分信号会流经衬底。在低频条件下，MOSFET 器件小信号模型中可以忽略衬底的存在，在高频频段下则不能忽略衬底效应[18,19]。

图 4.32 给出了截止条件下削去焊盘寄生元件及馈线寄生电感后的电路模型，等效电路模型的 Z 参数可以表示为：

$$Z_{11}^c = \frac{j\omega(C_{gdp}+C_{dsp})+M_c R_s + Y_{jd}[1+j\omega R_s(C_{gsp}+C_{dsp})]}{M_c + Y_{jd}[j\omega(C_{gdp}+C_{gsp})+M_c R_s]} \tag{4.63}$$

$$Z_{12}^c = Z_{21}^c = \frac{j\omega C_{gdp}+M_c R_s}{M_c + Y_{jd}[j\omega(C_{gdp}+C_{gsp})+M_c R_s]} \tag{4.64}$$

$$Z_{22}^c = \frac{j\omega(C_{gdp}+C_{gsp})+M_c R_s}{M_c + Y_{jd}[j\omega(C_{gdp}+C_{gsp})+M_c R_s]} \tag{4.65}$$

这里：
$$M_c = -\omega^2(C_{gsp}C_{dsp}+C_{gsp}C_{gdp}+C_{gdp}C_{dsp})$$

忽略 ω^2 的高阶次项，可以得到：

$$\mathrm{Re}\left(\frac{1}{Z_{22}^c}\right) \approx \omega^2 C_x^2(R_s+R_d) + \frac{\omega^2[C_{jdp}^2 R_{sub}+C_x C_{jdp}(R_s+R_d)]}{1+\omega^2 C_{jdp}^2 R_{sub}^2} \quad (4.66)$$

$$\mathrm{Im}\left(\frac{1}{Z_{22}^c}\right) \approx \omega C_x + \frac{\omega C_{jdp}}{1+\omega^2 C_{jdp}^2 R_{sub}^2} \quad (4.67)$$

这里：
$$C_x = C_{dsp}+C_{gsp}C_{gdp}/(C_{gsp}+C_{gdp})$$

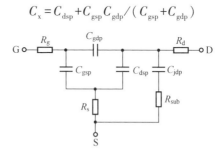

图 4.32 截止条件下削去焊盘寄生元件及馈线寄生电感后的电路模型

将上述各式进行变换后得到：

$$\left(-\frac{\mathrm{d}[\mathrm{Re}(Z_{22}^c)^{-1}/\omega^2]}{\mathrm{d}\omega^2}\right)^{-\frac{1}{2}} = \frac{C_{jdp}^2 R_{sub}^2}{\sqrt{A}}\omega^2 + \frac{1}{\sqrt{A}} = f(\omega) = a\omega^2 + b \quad (4.68)$$

式中，A、a 和 b 是与频率无关的常数，根据 $f(\omega)$ 随 ω^2 的变化曲线（见图 4.33），假设拟合直线的斜率和截距分别为 a 和 b，则 C_{jdp} 与 R_{sub} 的乘积可以直接由下式获得：

$$C_{jdp}R_{sub} = \sqrt{\frac{a}{b}} \quad (4.69)$$

上式和其他公式联立即可求得衬底寄生元件 C_{jdp} 和 R_{sub} 的数值。

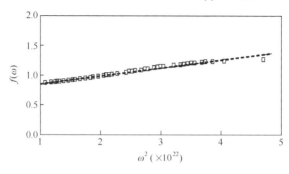

图 4.33 $f(\omega)$ 随 ω^2 变化曲线

对于 CMOS 工艺,栅极、源极和漏极的寄生电阻要远远小于衬底寄生电阻,此时寄生电阻可以近似表示为:

$$R_s \approx \frac{\omega C_{jdp} R_{sub}(B_1^2+B_2^2)\mathrm{Re}(Z_{12}) - \omega^3 C_{jdp}^3 C_{gdp}(C_{gdp}+C_{gsp})R_{sub}^2}{\omega C_{jdp} R_{sub} B_1^2 - B_1 B_2} \quad (4.70)$$

$$R_g \approx \mathrm{Re}(Z_{11}) - \frac{\omega^2 C_{jdp}^2 C_{gdp}^2 R_{sub} + (B_1^2+B_2^2 - \omega C_{gdp} C_{jdp} B_2)R_s}{B_1^2+B_2^2} \quad (4.71)$$

$$R_d \approx \mathrm{Re}(Z_{22}) - \mathrm{Re}(Z_{12}) - \frac{\omega^2 C_{jdp}^2 C_{gdp}(C_{gdp}+C_{gsp})R_{sub}}{B_1^2+B_2^2} \quad (4.72)$$

式中:

$$B_1 = -\omega^2 C_r C_{jdp} R_{sub}$$
$$B_2 = \omega [C_{gsp} C_{gdp} + C_{gsp}(C_{dsp}+C_{jdp}) + C_{gdp}(C_{dsp}+C_{jdp})]$$
$$C_r = C_{gsp} C_{gdp} + C_{gsp} C_{dsp} + C_{gdp} C_{dsp}$$

以一个栅长为 90nm、单位栅宽为 1μm、栅指数为 16、单元数为 2 的 MOSFET 晶体管为例,所提取的寄生串联电阻结果如图 4.34 所示。从图中可以看出,在中频情况下可以获得比较稳定的参数提取值。

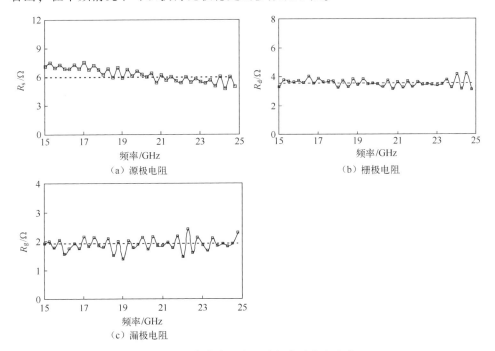

图 4.34 寄生串联电阻随频率的变化曲线

表 4.6 给出了 4 种不同提取方法所提取的寄生串联电阻及变化范围。从该表中可以看出,与传统方法相比,考虑衬底效应的寄生电阻提取方法所获得的数据

随频率变化的波动范围变小。

表4.6 不同提取方法所提取的寄生串联电阻及变化范围

提取方法	R_g/Ω	变化范围	R_d/Ω	变化范围	R_s/Ω	变化范围
传统截止状态方法	6.9	±3.8	1.8	±1.0	7.4	±4.3
Cold-FET方法	1.9	±1.2	3.6	±2.0	1.9	±1.3
正常偏置方法	2.5	—	2.3	—	1.2	—
改进截止状态方法	3.5	±0.3	1.9	±0.3	6.0	±0.7

4.4 本征参数提取方法

小信号等效电路模型可分为寄生模块和本征模块两部分。其中，本征模块部分是MOSFET晶体管小信号模型的核心区域，在焊盘和馈线寄生元件及寄生电阻确定以后，首先需要确定漏极衬底网络参数，然后就可以确定本征参数了。

4.4.1 衬底网络参数确定方法

提取MOSFET衬底寄生参数R_{sub}和C_{jd}时，通常采用零偏置法，即器件在不加任何偏置（$V_{gs}=V_{ds}=0V$）情况下的测试方法。图4.35给出了零偏置条件下计算Z_{22}的等效电路模型[9]。

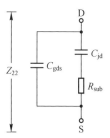

图4.35 零偏置条件下计算Z_{22}的等效电路模型

阻抗Z_{22}可以表示为：

$$\frac{1}{Z_{22}}=\frac{\omega^2 R_{sub}C_{jd}^2}{1+\omega^2 C_{jd}^2 R_{sub}^2}+j\left(\omega C_{gds}+\frac{\omega C_{jd}}{1+\omega^2 C_{jd}^2 R_{sub}^2}\right) \quad (4.73)$$

经过变换可得：

$$\frac{\omega^2}{\mathrm{Re}(1/Z_{22})}=\omega^2 R_{sub}+\frac{1}{R_{sub}C_{jd}^2} \quad (4.74)$$

图 4.36 给出了不同偏置条件下 $\omega^2/\mathrm{Re}(1/Z_{22})$ 随 ω^2 的变化曲线,采用线性拟合方法,R_sub 可以由曲线斜率获得,C_jd 可以通过下式求得:

$$C_\mathrm{jd} = \frac{1}{\sqrt{b_0 R_\mathrm{sub}}} \tag{4.75}$$

式中,b_0 代表线性曲线在纵轴上的截距。

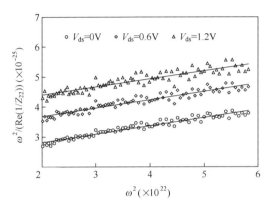

图 4.36 不同偏置条件下 $\omega^2/\mathrm{Re}(1/Z_{22})$ 随 ω^2 的变化曲线

注意到上述提取方法假设寄生电容 C_jd、寄生电阻 R_sub 与漏极电压无关。实际上,寄生电容 C_jd 代表漏极与衬底之间的寄生二极管结电容,寄生电阻 R_sub 代表从漏极到衬底的损耗,根据二极管的工作原理,二极管结电容 C_sub 应该与漏极电压有关,漏电压变化时,结电容 C_jd 也会发生变化。

4.4.2 本征参数直接提取方法

由于寄生参数已经确定,利用下面的步骤可以直接确定本征参数随频率变化的表达式。

(1) 将测试获得的 S 参数转换为 Y 参数:

$$\boldsymbol{S}_\mathrm{m} = \begin{pmatrix} S_{11}^\mathrm{m} & S_{12}^\mathrm{m} \\ S_{21}^\mathrm{m} & S_{22}^\mathrm{m} \end{pmatrix} \Rightarrow \boldsymbol{Y}_\mathrm{m} = \begin{pmatrix} Y_{11}^\mathrm{m} & Y_{12}^\mathrm{m} \\ Y_{21}^\mathrm{m} & Y_{22}^\mathrm{m} \end{pmatrix} \tag{4.76}$$

(2) 削去寄生焊盘开路测试结构的影响:

$$\boldsymbol{Y}_\mathrm{m1} = \boldsymbol{Y}_\mathrm{m} - \boldsymbol{Y}_\mathrm{open} \tag{4.77}$$

(3) 将 Y 参数矩阵转换为 Z 参数矩阵:

$$\boldsymbol{Y}_\mathrm{m1} = \begin{pmatrix} Y_{11}^\mathrm{m1} & Y_{12}^\mathrm{m1} \\ Y_{21}^\mathrm{m1} & Y_{22}^\mathrm{m1} \end{pmatrix} \Rightarrow \boldsymbol{Z}_\mathrm{m1} = \begin{pmatrix} Z_{11}^\mathrm{m1} & Z_{12}^\mathrm{m1} \\ Z_{21}^\mathrm{m1} & Z_{22}^\mathrm{m1} \end{pmatrix} \tag{4.78}$$

（4）削去馈线寄生电感及栅极与漏极寄生电阻的影响：

$$\boldsymbol{Z}_{m2} = \boldsymbol{Z}_{m1} - \begin{pmatrix} R_g + j\omega(L_g + L_s) & j\omega L_s \\ j\omega L_s & R_d + j\omega(L_d + L_s) \end{pmatrix} \quad (4.79)$$

（5）将 Z 参数矩阵转换为 Y 参数矩阵：

$$\boldsymbol{Z}_{m2} = \begin{pmatrix} Z_{11}^{m2} & Z_{12}^{m2} \\ Z_{21}^{m2} & Z_{22}^{m2} \end{pmatrix} \Rightarrow \boldsymbol{Y}_{m2} = \begin{pmatrix} Y_{11}^{m2} & Y_{12}^{m2} \\ Y_{21}^{m2} & Y_{22}^{m2} \end{pmatrix} \quad (4.80)$$

（6）削去寄生衬底网络的影响：

$$\boldsymbol{Y}_{m3} = \boldsymbol{Y}_{m2} - \begin{pmatrix} 0 & 0 \\ 0 & \dfrac{\omega^2 C_{jd}^2 R_{sub}}{1+\omega^2 C_{jd}^2 R_{sub}^2} + j\dfrac{\omega C_{jd}}{1+\omega^2 C_{jd}^2 R_{sub}^2} \end{pmatrix} \quad (4.81)$$

（7）将 Y 参数矩阵转换为 Z 参数矩阵：

$$\boldsymbol{Y}_{m3} = \begin{pmatrix} Y_{11}^{m3} & Y_{12}^{m3} \\ Y_{21}^{m3} & Y_{22}^{m3} \end{pmatrix} \Rightarrow \boldsymbol{Z}_{m3} = \begin{pmatrix} Z_{11}^{m3} & Z_{12}^{m3} \\ Z_{21}^{m3} & Z_{22}^{m3} \end{pmatrix} \quad (4.82)$$

（8）剥离源极外部寄生电阻 R_s 的影响：

$$\boldsymbol{Z}_{m4} = \boldsymbol{Z}_{m3} - \begin{pmatrix} R_s & R_s \\ R_s & R_s \end{pmatrix} \quad (4.83)$$

（9）将 Z 参数矩阵转换为 Y 参数矩阵，此时 Y 参数值即为本征模块部分的测量数据：

$$\boldsymbol{Z}_{m4} = \begin{pmatrix} Z_{11}^{m4} & Z_{12}^{m4} \\ Z_{21}^{m4} & Z_{22}^{m4} \end{pmatrix} \Rightarrow \boldsymbol{Y}_{int} = \begin{pmatrix} Y_{11}^{int} & Y_{12}^{int} \\ Y_{21}^{int} & Y_{22}^{int} \end{pmatrix} \quad (4.84)$$

（10）根据本征网络的 Y 参数：

$$\boldsymbol{Y}_{int} = \begin{pmatrix} j\omega(C_{gs}+C_{gd}) & -j\omega C_{gd} \\ g_m e^{-j\omega\tau} - j\omega C_{gd} & g_{ds} + j\omega(C_{ds}+C_{gd}) \end{pmatrix} \quad (4.85)$$

可以直接提取本征参数的表达式为：

$$C_{gd} = -\frac{\operatorname{Im}(Y_{12}^{int})}{\omega} \quad (4.86)$$

$$C_{gs} = \frac{\operatorname{Im}(Y_{11}^{int} + Y_{12}^{int})}{\omega} \quad (4.87)$$

$$C_{ds} = \frac{\operatorname{Im}(Y_{22}^{int} + Y_{12}^{int})}{\omega} \quad (4.88)$$

$$g_{ds} = \operatorname{Re}(Y_{22}^{int}) \quad (4.89)$$

$$g_m = |Y_{21}^{int} - Y_{12}^{int}| \quad (4.90)$$

$$\tau = -\frac{1}{\omega}\arctan\left(\frac{\text{Im}(Y_{21}^{\text{int}}-Y_{12}^{\text{int}})}{\text{Re}(Y_{21}^{\text{int}}-Y_{12}^{\text{int}})}\right) \qquad (4.91)$$

对栅长尺寸为 90nm、单位栅宽为 1μm、栅指数为 16、单元数为 2 的 MOSFET 晶体管进行测试并进行参数提取，图 4.37 给出了在 $V_{gs}=V_{ds}=0.6\text{V}$、$V_{gs}=V_{ds}=0.8\text{V}$ 和 $V_{gs}=V_{ds}=1.0\text{V}$ 3 个不同偏置条件下的本征参数随频率的变化曲线。从图中看出，在 1~50GHz 频率范围内，本征参数随频率变化有一定的波动，因此在一定的频带范围内取其平均值作为最终的提取结果，此时所有的小信号模型参数提取完毕，本征参数提取值见表 4.7。

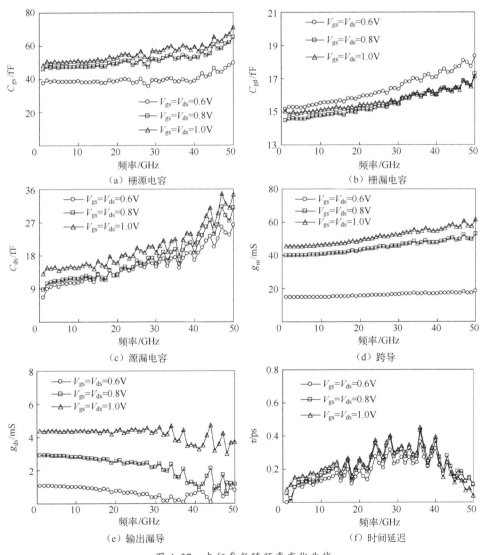

图 4.37 本征参数随频率变化曲线

表 4.7 MOSFET 器件本征参数提取值（栅长尺寸为 90nm、单位栅宽为 1μm、栅指数为 16、单元数为 2）

模型参数	$V_{gs}=V_{ds}=0.6V$	$V_{gs}=V_{ds}=0.8V$	$V_{gs}=V_{ds}=1.0V$
g_m/mS	16.2	44.3	51.4
τ/ps	0.15	0.23	0.31
C_{gs}/fF	38.6	46.7	54.3
C_{gd}/fF	14.9	14.4	14.2
C_{ds}/fF	11.6	12.5	14.6
g_{ds}/mS	4.34	2.70	0.82

图 4.38 给出了 3 种不同偏置条件下（$V_{ds}=1.0V$，$V_{gs}=0V$；$V_{ds}=0.6V$，$V_{gs}=0.6V$；$V_{ds}=0.8V$，$V_{gs}=1.2V$），MOSFET 器件 S 参数测试结果与模型模拟结果对比曲线，频率范围为 0.5～50GHz。从图中可以看出，模型模拟结果与测试结果吻合良好，验证了模型参数提取方法的有效性。

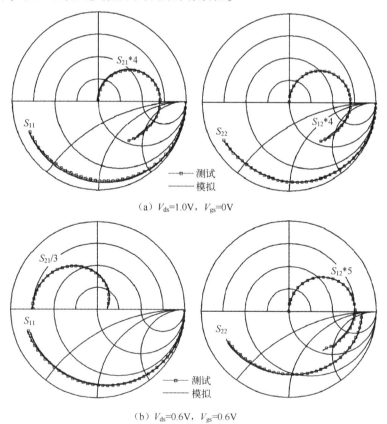

(a) V_{ds}=1.0V，V_{gs}=0V

(b) V_{ds}=0.6V，V_{gs}=0.6V

图 4.38 MOSFET 器件 S 参数测试结果与模型模拟结果对比曲线

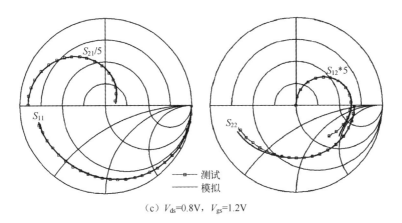

(c) $V_{ds}=0.8V$, $V_{gs}=1.2V$

图 4.38 MOSFET 器件 S 参数测试结果与模型模拟结果对比曲线（续）

对栅长为 90nm、栅宽为 4 指×0.6μm（栅指数×栅宽），并且由 18 个元胞构成的 MOSFET 器件进行小信号模型本征参数提取，观察在不同偏置电压情况下的参数变化趋势。图 4.39 给出了 MOSFET 器件小信号模型本征参数 C_{gs}、C_{gd}、g_m

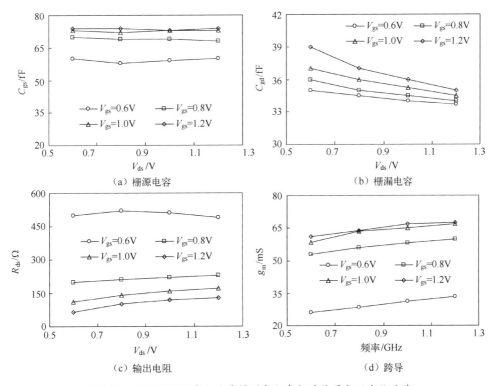

图 4.39 MOSFET 器件小信号模型本征参数随偏置电压变化曲线

和 R_{ds} 随偏置电压变化曲线。其中，栅源电压 V_{gs} 和漏源电压 V_{ds} 均从 0.6V 变化到 1.2V，变化步长为 0.2V，共有 16 个偏置点。从图中可以看到，栅源电容 C_{gs} 基本不随漏源电压 V_{ds} 的变化而变化，而仅受栅源电压 V_{gs} 控制，随着 V_{gs} 的增大而增大；栅漏电容 C_{gd} 随着 V_{ds} 的增大而减小，随着 V_{gs} 的增大而增大；输出电阻 R_{ds} 随 V_{ds} 的增大呈缓慢变化，随 V_{gs} 的增大而快速减小；跨导 g_m 随 V_{ds} 的增大而缓慢增大，随 V_{gs} 的增大而快速增大。

4.4.3 本征参数优化提取

如果器件的寄生元件可以直接提取，那么利用去嵌技术可以很容易获得本征元件的数值。但是如果只有器件的 S 参数，而没有相应的寄生元件提取技术所需要的各种测试条件，那么就无法利用直接提取方法来精确提取本征模型参数，此时采用分析和优化相结合的方法是一个很好的选择，即半分析方法。半分析方法的基本原理是将寄生元件当作未知变量进行优化，把本征元件当作寄生元件的函数直接提取，具体提取步骤如下：

(1) 设置寄生电阻 R_g、R_d 和 R_s 及漏极耦合元件 C_{jd} 和 R_{sub} 的初始数值。

(2) 利用解析公式计算本征元件，此时的本征元件是关于 5 个寄生元件的函数：

$$C_{gs} = f_1(\omega_i, R_g, R_d, R_s, C_{jd}, R_{sub}) \tag{4.92}$$

$$C_{gd} = f_2(\omega_i, R_g, R_d, R_s, C_{jd}, R_{sub}) \tag{4.93}$$

$$C_{ds} = f_3(\omega_i, R_g, R_d, R_s, C_{jd}, R_{sub}) \tag{4.94}$$

$$g_m = f_4(\omega_i, R_g, R_d, R_s, C_{jd}, R_{sub}) \tag{4.95}$$

$$g_{ds} = f_5(\omega_i, R_g, R_d, R_s, C_{jd}, R_{sub}) \tag{4.96}$$

$$\tau = f_6(\omega_i, R_g, R_d, R_s, C_{jd}, R_{sub}) \tag{4.97}$$

(3) 将模型仿真 S 参数与测量 S 参数的误差 ε 作为优化标准，5 个寄生元件 R_g、R_d、R_s、C_{jd} 和 R_{sub} 为优化变量，当满足优化标准后迭代结束。

以栅长为 40nm、单位栅宽为 5μm、栅指数为 4 的 MOSFET 器件为例，首先采用开路测试结构及短路测试结构提取得到焊盘寄生元件 C_{oxg}、C_{oxd}、C_{pgd}、R_{pg}、R_{pd} 及馈线寄生元件 L_g、L_d、L_s 的值。而后从测试数据中挑选多组数据分别进行优化，将获得的元件值进行平均，作为最终的模型参数提取值。图 4.40 给出了 3 个不同偏置条件下的模型模拟与测试 S 参数的结果比较曲线。

第4章 MOSFET小信号等效电路模型和参数确定

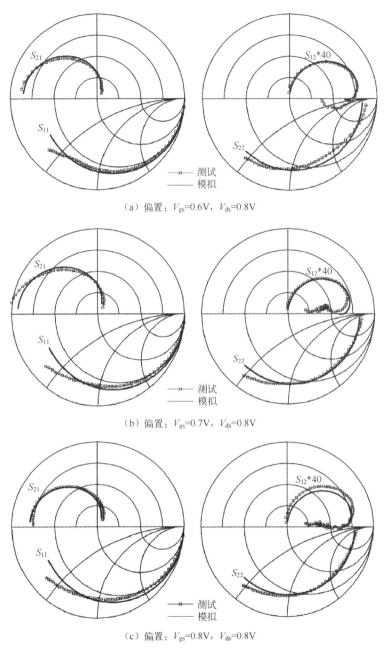

(a) 偏置：$V_{gs}=0.6\text{V}$，$V_{ds}=0.8\text{V}$

(b) 偏置：$V_{gs}=0.7\text{V}$，$V_{ds}=0.8\text{V}$

(c) 偏置：$V_{gs}=0.8\text{V}$，$V_{ds}=0.8\text{V}$

图4.40 MOSFET器件S参数的测试结果与模型模拟结果比较曲线

4.4.4 按比例缩放规则

这里关于按比例缩放规则的研究主要针对器件的总栅宽，即单指栅宽和栅指数的乘积。为了研究器件小信号等效电路模型随栅宽的变化曲线,采用130nm 标准 CMOS 工艺制作的器件,其本征元件参数值如表 4.8 所示[11]。

表 4.8　MOSFET 器件本征元件参数值

栅长/nm	单指栅宽/μm	栅指数	有效栅宽/μm
130	5	8	40
130	5	16	80
130	5	32	160
130	5	48	240

值得注意的是,器件单指栅宽如果太大,就会受到工艺条件的限制,因此需要在版图设计过程中采用多栅指结构(总栅宽一致),如图 4.41 所示。其中,图 4.41(a)为单指结构器件,总栅宽为 $1 \times W$;图 4.41(b)为叉指结构器件,总栅宽为 $2 \times \dfrac{W}{2}$。

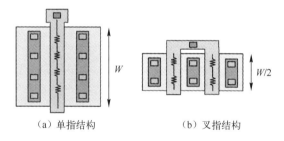

(a)单指结构　　　　(b)叉指结构

图 4.41　MOSFET 器件版图结构

图 4.42 给出了寄生电阻 R_g、R_s 和 R_d 随器件总栅宽变化曲线,其中器件尺寸分别为 0.13μm×5μm×8 指、0.13μm×5μm×16 指、0.13μm×5μm×32 指和 0.13μm×5μm×48 指(栅长×栅宽×栅指数)。从图中可以看出,源极电阻 R_s 和漏极电阻 R_d 与器件栅宽成反比,比例模型公式如下:

$$R_s = \frac{R_{s0}}{W} \tag{4.98}$$

$$R_d = \frac{R_{d0}}{W} \tag{4.99}$$

栅极寄生电阻 R_g 为栅宽的线性函数:

$$R_g = \frac{R_{g0}}{W} + R_{g1} \tag{4.100}$$

式中，W 表示晶体管总栅宽，对图 4.42 中的数据采用最小二乘法进行线性拟合，可以获得相应的模型参数：$R_{g0} = 145\Omega \cdot \mu m$，$R_{g1} = 0.53\Omega$，$R_{s0} = 204.5\Omega \cdot \mu m$，$R_{d0} = 234.5\Omega \cdot \mu m$。

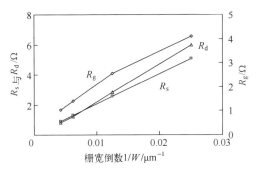

图 4.42 寄生电阻随器件总栅宽变化曲线

图 4.43（a）、(b) 给出了寄生电容 C_{jd}、寄生电阻 R_{sub} 随漏极偏置电压 V_{ds} 的变化曲线，随着漏极偏置电压的增加，衬底电容 C_{jd} 有下降的趋势，因此需要考虑衬底电容 C_{jd} 对源漏电压的依赖。传统的提取方法仅在漏极电压为零的偏置情况下提取电容 C_{jd}，忽略了寄生结电容对漏极偏置的依赖性，从图 4.43（b）

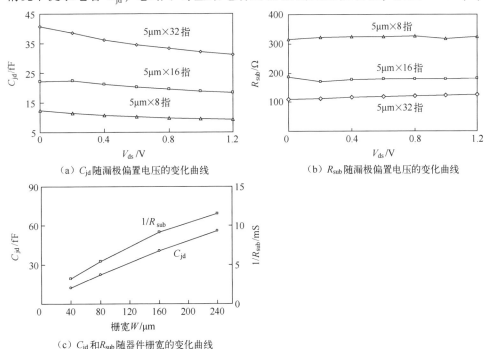

(a) C_{jd} 随漏极偏置电压的变化曲线

(b) R_{sub} 随漏极偏置电压的变化曲线

(c) C_{jd} 和 R_{sub} 随器件栅宽的变化曲线

图 4.43 漏极衬底电阻和电容随漏极偏置电压和栅宽变化曲线

中可以看出，衬底电阻 R_{sub} 基本不依赖于漏极偏置电压。

图 4.43（c）给出了衬底电容 C_{jd} 和电阻 R_{sub} 随器件栅宽的变化曲线，注意到 C_{jd} 与器件栅宽成正比，而电阻 R_{sub} 与器件栅宽成反比，参数的比例关系如下：

$$C_{jd} = C_{jd0} W \quad (4.101)$$

$$R_{sub} = \frac{R_{sub0}}{W} \quad (4.102)$$

对图 4.43 中的数据采用线性拟合可得：$C_{jd0} = 0.243\text{fF}/\mu\text{m}$，$R_{sub0} = 1.4\text{k}\Omega \cdot \mu\text{m}$。

图 4.44 给出了跨导 g_m 和输出电阻 R_{ds} 随栅宽 W 的变化曲线。从图中可以看出，g_m 与栅宽成正比，R_{ds} 与栅宽成反比，比例模型为：

$$g_m = g_{m0} W \quad (4.103)$$

$$1/R_{ds} = g_{ds0} W \quad (4.104)$$

对图 4.44 中的数据采用线性拟合可得：$g_{m0} = 0.5885\text{mS}/\mu\text{m}$，$g_{ds0} = 0.028\text{mS}/\mu\text{m}$。

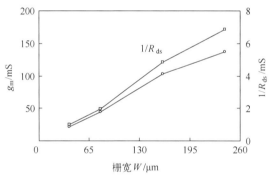

图 4.44　跨导 g_m 和输出电阻 R_{ds} 随栅宽 W 的变化曲线

图 4.45 给出了本征电容 C_{gd}、C_{gs} 和 C_{ds} 随栅宽 W 的变化曲线。从图中可以看出，本征电容与栅宽成正比，比例模型参数如下：

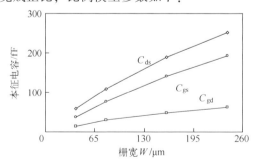

图 4.45　本征电容 C_{gd}、C_{gs} 和 C_{ds} 随栅宽 W 的变化曲线

$$C_{gs} = C_{gs0} W \tag{4.105}$$

$$C_{gd} = C_{gd0} W \tag{4.106}$$

$$C_{ds} = C_{ds0} W \tag{4.107}$$

对图 4.45 中的数据采用线性拟合，可得 C_{gs0} = 0.8403fF/μm，C_{gd0} = 0.2829fF/μm，C_{ds0} = 1.1173fF/μm。

图 4.46、图 4.47 和图 4.48 分别给出了不同尺寸 MOSFET 器件在不同偏置电压下测试与仿真 S 参数的比较，频率范围是 100MHz～40GHz，数据点间隔为 100MHz，输入信号功率为 -20dBm。从图中可以看出，测试数据与仿真数据吻合得很好。

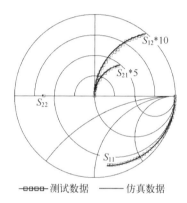
（a）MOSFET器件尺寸：0.13μm×5μm×8指

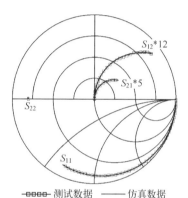
（b）MOSFET器件尺寸：0.13μm×5μm×16指

图 4.46 S 参数测试数据与仿真数据对比曲线（直流偏置电压：V_{gs} = 1.2V，V_{ds} = 0V）

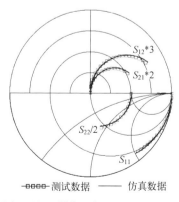
（a）MOSFET器件尺寸：0.13μm×5μm×8指

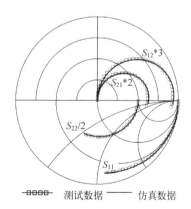
（b）MOSFET器件尺寸：0.13μm×5μm×16指

图 4.47 S 参数测试数据与仿真数据对比曲线（直流偏置电压：V_{gs} = 0V，V_{ds} = 0V）

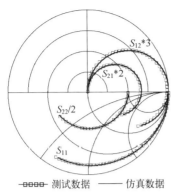
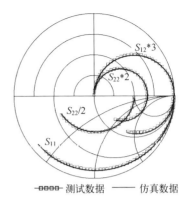

(c) MOSFET器件尺寸：0.13μm×5μm×32指　　(d) MOSFET器件尺寸：0.13μm×5μm×48指

图 4.47　S 参数测试数据与仿真数据对比曲线（直流偏置电压：$V_{gs}=0V$，$V_{ds}=0V$）（续）

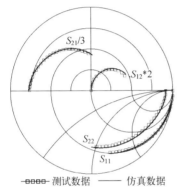
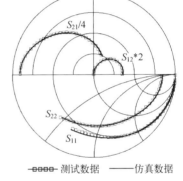

(a) MOSFET器件尺寸：0.13μm×5μm×8指　　(b) MOSFET器件尺寸：0.13μm×5μm×16指

图 4.48　S 参数测试数据与仿真数据对比曲线（直流偏置电压：$V_{gs}=0.6V$，$V_{ds}=0.6V$）

4.5　本征元件灵敏度分析

射频微波计算机辅助电路设计需要依赖器件的小信号等效电路模型，模型的精确性直接影响待测器件的电特性。小信号等效电路模型参数也经常被半导体晶圆制造厂用来监测工艺参数变化，模型的参数提取和验证基于器件的测量数据。测量数据通常也有一定的测量误差。该测量误差最终将导致模型和参数提取得不准确。但通过将微波射频测试导致不确定度与参数提取方法的结合，则可以将模型的不确定度量化，从而达到将模型精度提高的目的。本节主要分析器件等效电路模型参数的灵敏度，找出器件模型参数的波动范围及讨论参数波动对器件特性的影响。

4.5.1 S 参数测量的不确定

为了衡量端口网络特性的变化引起小信号等效电路中元件参数变化量的大小,在此引入了灵敏度[3-6]来衡量 S 参数对模型参数的敏感程度。灵敏度分析在电路设计中通常被用来衡量电路影响稳定性的重要参数,可以比较功能相同但结构不同的模拟电路之间的稳定性优劣,从而达到对电路进行优化的目的。而在器件建模过程中,由于矢量网络分析仪的精度、测试参考面的选择、有限的动态产生范围和校准方法等都会引入一定的测量误差,导致 S 参数测量结果的不确定,为了将该误差量化,引入了本征参数相对于 S 参数的灵敏度,并与由矢量网络分析仪器制造商提供的测试不确定规格误差数据结合,得到本征元件随频率变化的不确定度曲线,最后根据该曲线推测出最佳参数提取频率及不确定范围。

图 4.49 给出了导致模型参数提取结果不精确的几个因素,测试过程、模型本身及参数提取方法等都在影响最终参数提取结果的精度。矢量网络分析仪在测试过程不可避免地受到仪器的测试误差及环境的影响,导致测量 S 参数与器件实际 S 参数存在偏差。

图 4.49 模型参数的不确定所包含的因素

4.5.2 电路灵敏度分析

MOSFET 晶体管小信号等效电路模型是相当复杂的,元件参数的最优值有一定的不确定度。本节主要讨论由测量仪器的测量误差导致的模型参数的不确定度,同时确定模型参数的最佳频率提取范围,从而提高参数提取的精度。

灵敏度分析在计算机辅助软件中用于量化内部电路参数对输出信号的敏感程度。这里利用灵敏度的概念计算输出信号(如 S 参数)的偏差对本征模型参数的影响[20-24]。

当网络 S 参数变化时,模型参数 x 的变化百分比为:

$$\frac{\Delta x}{x} \cong \frac{\partial x}{\partial |S_{ij}|} \frac{1/x}{1/|S_{ij}|} \frac{\Delta |S_{ij}|}{|S_{ij}|} = K^x_{|S_{ij}|} \frac{\Delta |S_{ij}|}{|S_{ij}|} \qquad (4.108)$$

因此参数 x 对 S 参数幅度的相对灵敏度定义为:

$$K_{|S_{ij}|}^{x} = \frac{\partial x}{x} \bigg/ \frac{\partial |S_{ij}|}{|S_{ij}|} \qquad (4.109)$$

绝对相位偏差为:

$$\frac{\Delta x}{x} \cong \frac{\partial x}{\partial \angle S_{ij}} \frac{1}{x} \Delta \angle S_{ij} = K_{\angle S_{ij}}^{x} \Delta \angle S \qquad (4.110)$$

模型参数 x 对 S 参数相位的绝对灵敏度定义为:

$$K_{\angle S_{ij}}^{x} = \frac{\partial x}{\partial \angle S_{ij}} \frac{1}{x} \qquad (4.111)$$

基于测量数据的小信号等效电路模型,模型参数值的提取依赖于 MOSFET 器件的 S 参数测量值,因为 S 参数具有相位和幅度,此时模型参数 x 的偏差用 S 测量参数偏差与灵敏度表示为:

$$\frac{\Delta x}{x} \cong \sum_{\forall i,j \in \{1,2\}} K_{|S_{ij}|}^{x} \frac{\Delta |S_{ij}|}{|S_{ij}|} + K_{\angle S_{ij}}^{x} \Delta \angle S_{ij} \qquad (4.112)$$

这里:

$$K_{|S_{ij}|}^{x} = K_{S_{ij}}^{x}$$
$$K_{\angle S_{ij}}^{x} = j K_{S_{ij}}^{x}$$

式中,$K_{|S_{ij}|}^{x}$ 是模型参数 x 相对于 S 参数幅度的相对灵敏度;$\Delta |S_{ij}|/|S_{ij}|$ 是 S 参数幅度的相对变化;$K_{\angle S_{ij}}^{x}$ 是模型参数 x 相对于 S 参数相位的绝对灵敏度;$\Delta |S_{ij}|$ 是 S 参数幅度的绝对变化。

图 4.50 给出了如何根据 S 参数偏差及灵敏度公式计算模型参数相应偏差的计算过程。首先计算 Y 参数对 S 参数的灵敏度,而后计算模型参数相对于 Y 参数的灵敏度,最终得到模型参数对 S 参数的灵敏度。

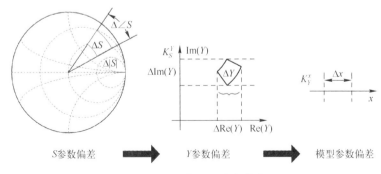

图 4.50 模型参数偏差计算过程

4.5.3 本征模型参数的灵敏度

图 4.51 给出了晶体管本征模型参数不确定度计算的流程图。值得注意的是,这里忽略了外部寄生元件对本征参数不确定性的影响,因此假设外部 Y 参数对测量 S 参数的灵敏度近似等效于本征 Y 参数对测量 S 参数的灵敏度,即

$$K_{S_{ij}}^{Y_{\text{ext}}} = K_{S_{ij}}^{Y_{\text{int}}} \tag{4.113}$$

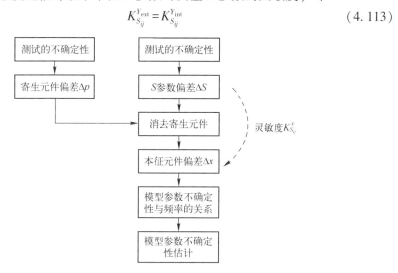

图 4.51 晶体管本征模型参数不确定度计算的流程图

在模型参数灵敏度计算过程中,首先需要将测量 S 参数转换为测量 Y 参数

$$Y = \frac{1}{\Delta_3} \begin{bmatrix} \Delta_1 & -2S_{12} \\ -2S_{21} & \Delta_2 \end{bmatrix} \tag{4.114}$$

式中:

$$\Delta_1 = (S_{11}-1)(1+S_{22}) - S_{12}S_{21}$$
$$\Delta_2 = (1+S_{11})(S_{22}-1) - S_{12}S_{21}$$
$$\Delta_3 = (1+S_{11})(1+S_{22}) - S_{12}S_{21}$$

Y 参数对 S 参数灵敏度的计算公式如表 4.9 所示。

表 4.9 Y 参数对 S 参数灵敏度的计算公式

$K_{S_{ij}}^{Y_{ij}}$	S_{11}	S_{12}	S_{21}	S_{22}
Y_{11}	$\dfrac{2(1+S_{22})^2 S_{11}}{\Delta_3 \Delta_1}$	$-\dfrac{2(1+S_{22})S_{12}S_{21}}{\Delta_3 \Delta_1}$	$-\dfrac{2(1+S_{22})S_{12}S_{21}}{\Delta_3 \Delta_1}$	$\dfrac{2S_{12}S_{21}S_{22}}{\Delta_3 \Delta_1}$
Y_{12}	$-\dfrac{(1+S_{22})S_{11}}{\Delta_3}$	$\dfrac{(1+S_{11})(1+S_{22})}{\Delta_3}$	$\dfrac{S_{21}S_{12}}{\Delta_3}$	$-\dfrac{(1+S_{11})S_{22}}{\Delta_3}$

续表

$K_{S_{ij}}^{Y_{ij}}$	S_{11}	S_{12}	S_{21}	S_{22}
Y_{21}	$-\dfrac{(1+S_{22})S_{11}}{\Delta_3}$	$\dfrac{S_{21}S_{12}}{\Delta_3}$	$\dfrac{(1+S_{11})(1+S_{22})}{\Delta_3}$	$-\dfrac{(1+S_{11})S_{22}}{\Delta_3}$
Y_{22}	$\dfrac{2S_{11}S_{12}S_{21}}{\Delta_2\Delta_3}$	$-\dfrac{2(1+S_{11})S_{12}S_{21}}{\Delta_2\Delta_3}$	$-\dfrac{2(1+S_{11})S_{12}S_{21}}{\Delta_2\Delta_3}$	$\dfrac{2(1+S_{11})^2 S_{22}}{\Delta_2\Delta_3}$

为了进一步简化计算复杂度，对 Y 参数进行一些转换：

$$Y_{\mathrm{m}} = Y_{21} - Y_{12} \tag{4.115}$$

$$Y_{\mathrm{gs}} = Y_{11} + Y_{12} \tag{4.116}$$

$$Y_{\mathrm{gd}} = -Y_{12} \tag{4.117}$$

$$Y_{\mathrm{ds}} = Y_{22} + Y_{12} \tag{4.118}$$

根据灵敏度计算公式可以得到中间变量 Y_{gs}、Y_{gd}、Y_{ds} 和 Y_{m} 对 S 参数的灵敏度：

$$K_{S_{ij}}^{Y_{\mathrm{m}}} = \frac{K_{S_{ij}}^{Y_{21}} Y_{21}}{Y_{\mathrm{m}}} - \frac{K_{S_{ij}}^{Y_{12}} Y_{12}}{Y_{\mathrm{m}}} \tag{4.119}$$

$$K_{S_{ij}}^{Y_{\mathrm{gs}}} = \frac{K_{S_{ij}}^{Y_{11}} Y_{11}}{Y_{\mathrm{gs}}} + \frac{K_{S_{ij}}^{Y_{12}} Y_{12}}{Y_{\mathrm{gs}}} \tag{4.120}$$

$$K_{S_{ij}}^{Y_{\mathrm{gd}}} = K_{S_{ij}}^{Y_{12}} \tag{4.121}$$

$$K_{S_{ij}}^{Y_{\mathrm{ds}}} = \frac{K_{S_{ij}}^{Y_{12}} Y_{12}}{Y_{\mathrm{ds}}} + \frac{K_{S_{ij}}^{Y_{22}} Y_{22}}{Y_{\mathrm{ds}}} \tag{4.122}$$

MOSFET 的小信号等效电路跨导表达式为：

$$Y_{\mathrm{m}} = g_{\mathrm{m}} \mathrm{e}^{-\mathrm{j}\omega\tau} \tag{4.123}$$

Y_{m} 对 S 参数的灵敏度可以用跨导 g_{m} 和时间参数 τ 对 S 参数的灵敏度来表示，推导过程如下：

$$\begin{aligned}
K_{S_{ij}}^{Y_{\mathrm{m}}} &= \frac{\partial Y_{\mathrm{m}}}{\partial S_{ij}} \frac{S_{ij}}{Y_{\mathrm{m}}} = \frac{\partial Y_{\mathrm{m}}}{\partial g_{\mathrm{m}}} \frac{\partial g_{\mathrm{m}}}{\partial S_{ij}} \frac{S_{ij}}{g_{\mathrm{m}}} \frac{g_{\mathrm{m}}}{Y_{\mathrm{m}}} + \frac{\partial Y_{\mathrm{m}}}{\partial \tau} \frac{\partial \tau}{\partial S_{ij}} \frac{S_{ij}}{\tau} \frac{\tau}{Y_{\mathrm{m}}} \\
&= \mathrm{e}^{-\mathrm{j}\omega\tau} K_{S_{ij}}^{g_{\mathrm{m}}} \frac{g_{\mathrm{m}}}{Y_{\mathrm{m}}} - \mathrm{j}\omega g_{\mathrm{m}} \mathrm{e}^{-\mathrm{j}\omega\tau} K_{S_{ij}}^{\tau} \frac{\tau}{Y_{\mathrm{m}}} = K_{S_{ij}}^{g_{\mathrm{m}}} - \mathrm{j}\omega\tau K_{S_{ij}}^{\tau}
\end{aligned} \tag{4.124}$$

表 4.10 中，Re 表示取该数的实部，Im 表示取该数的虚部。

表 4.10 本征参数灵敏度

本征参数	相对幅度灵敏度 $K^x_{\|S_{ij}\|}$	绝对相位灵敏度 $K^x_{\angle S_{ij}}$
C_{gs}	$\mathrm{Re}(K^{Y_{gs}}_{S_{ij}})$	$-\mathrm{Im}(K^{Y_{gs}}_{S_{ij}})$
C_{gd}	$\mathrm{Re}(K^{Y_{gd}}_{S_{ij}})$	$-\mathrm{Im}(K^{Y_{gd}}_{S_{ij}})$
g_m	$\mathrm{Re}(K^{Y_m}_{S_{ij}})$	$-\mathrm{Im}(K^{Y_m}_{S_{ij}})$
τ	$-\mathrm{Im}(K^{Y_m}_{S_{ij}})/(\omega\tau)$	$\mathrm{Re}(K^{Y_m}_{S_{ij}})/(\omega\tau)$
g_{ds}	$-\mathrm{Re}(K^{Y_{ds}}_{S_{ij}}Y_{ds})/g_{ds}$	$\mathrm{Im}(K^{Y_{ds}}_{S_{ij}}Y_{ds})/g_{ds}$
C_{ds}	$-\mathrm{Im}(K^{Y_{ds}}_{S_{ij}}Y_{ds})/(\omega C_{ds})$	$\mathrm{Re}(K^{Y_{ds}}_{S_{ij}}Y_{ds})/(\omega C_{ds})$

因此,跨导 g_m 和时间参数 τ 对 S 参数的相对幅度灵敏度和绝对相位灵敏度可以表示为:

$$K^{g_m}_{|S_{ij}|} = \mathrm{Re}(K^{Y_m}_{S_{ij}}) \tag{4.125}$$

$$K^{\tau}_{|S_{ij}|} = -\mathrm{Im}(K^{Y_m}_{S_{ij}})/(\omega\tau) \tag{4.126}$$

$$K^{g_m}_{\angle S_{ij}} = \mathrm{Im}(K^{Y_m}_{S_{ij}}) \tag{4.127}$$

$$K^{\tau}_{\angle S_{ij}} = -\mathrm{Re}(K^{Y_m}_{S_{ij}})/(\omega\tau) \tag{4.128}$$

采用同样的计算方法,可以得到其他本征参数的灵敏度。小信号等效电路中,本征参数提取值见表 4.11。

表 4.11 本征参数提取值

本征参数	提 取 值	不确定度 $\sigma_{min}/\%$	最佳提取频率 f_{opt}/GHz
C_{gs}	52.7/fF	2.6	12.0
C_{gd}	14.8/fF	1.9	14.3
C_{ds}	18.4/fF	4.6	22.0
g_m	47.4/mS	1.8	17.5
g_{ds}	4.3/mS	2.6	11.3

由于测量仪器的不确定度会随着频率的变化而变化,灵敏度曲线很难清楚地展现出模型参数的不确定区间及该参数提取的最佳频率范围,因此需要将灵敏度与测量仪器的不确定度结合起来,得到模型参数的不确定度。

采用模型参数不确定度公式即可得到本征参数(包括 C_{gs}、C_{gd}、C_{ds}、g_m 和 g_{ds})的不确定度随频率变化曲线,如图 4.52 所示,偏置条件为 $V_{gs}=V_{ds}=0.6\mathrm{V}$、$V_{gs}=V_{ds}=0.8\mathrm{V}$、$V_{gs}=V_{ds}=1.0\mathrm{V}$。从图中可以看出,$C_{gs}$、$C_{gd}$、$g_{ds}$ 和 g_m 最佳频率取

值范围集中在低中频段（5～20GHz），在最佳提取频率下的不确定度皆小于10%；源漏电容 C_{ds} 最佳频率范围集中在中频段（15～35GHz），在最佳提取频率下的不确定度约为7%。为了进一步表征模型参数与不确定度，图4.53以误差棒图的形式给出了 $V_{gs}=V_{ds}=1.0V$ 偏置条件下参数的不确定度区间与频率的关系曲线。6个本征参数提取值、最佳提取频率及相应的变化范围见表4.10。

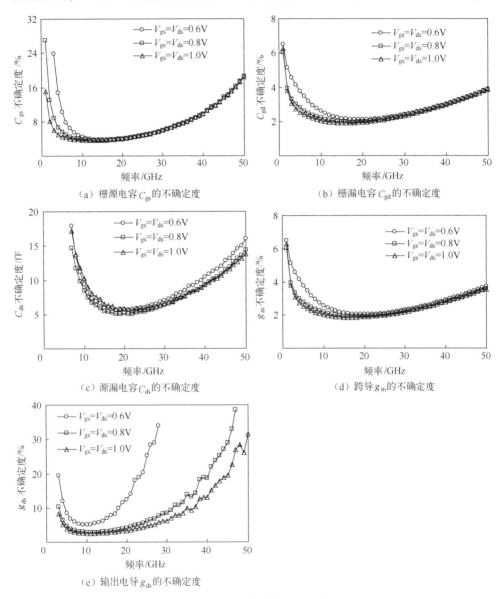

（a）栅源电容 C_{gs} 的不确定度

（b）栅漏电容 C_{gd} 的不确定度

（c）源漏电容 C_{ds} 的不确定度

（d）跨导 g_m 的不确定度

（e）输出电导 g_{ds} 的不确定度

图4.52 本征参数的不确定度

第 4 章　MOSFET 小信号等效电路模型和参数确定

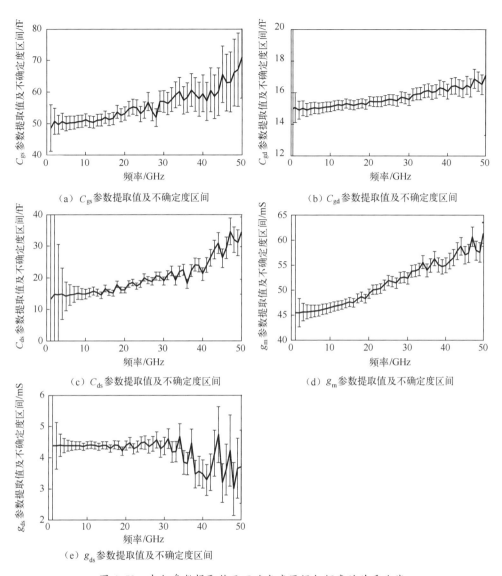

图 4.53　本征参数提取值及不确定度区间与频率的关系曲线

本征参数的不确定度与偏置电压是有一定相关性的。为了进一步分析参数不确定度与偏置电压的关系，图 4.54 给出了不确定度与偏置电压的变化关系曲线。从图中可以观察到，C_{gs}、C_{gd}、C_{ds} 和 g_{ds} 的不确定度随偏置电压变化得不太明显，不确定度都在 10% 以内。

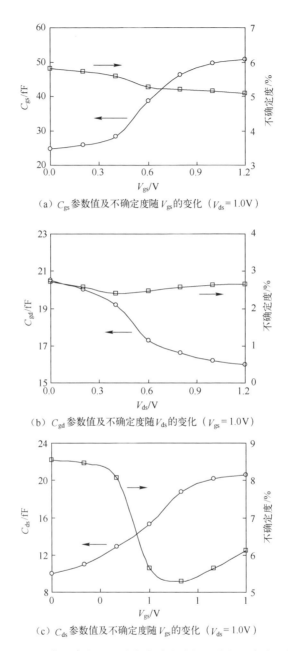

(a) C_{gs} 参数值及不确定度随 V_{gs} 的变化（$V_{ds}=1.0\text{V}$）

(b) C_{gd} 参数值及不确定度随 V_{ds} 的变化（$V_{gs}=1.0\text{V}$）

(c) C_{ds} 参数值及不确定度随 V_{gs} 的变化（$V_{ds}=1.0\text{V}$）

图 4.54 本征参数及不确定度随偏置电压的变化关系曲线

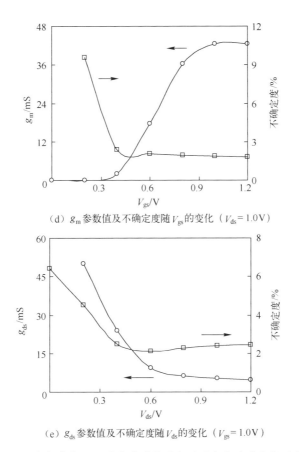

(d) g_m 参数值及不确定度随 V_{gs} 的变化（$V_{ds}=1.0\text{V}$）

(e) g_{ds} 参数值及不确定度随 V_{ds} 的变化（$V_{gs}=1.0\text{V}$）

图 4.54　本征参数及不确定度随偏置电压的变化关系曲线（续）

4.5.4　蒙特卡洛数据分析

蒙特卡洛方法是对设计参数容差进行分析的重要方法之一，用于计算电子线路元件参数偏离标准值对电路输出函数的影响。电子线路中应用的蒙特卡洛方法主要基于概率统计模拟，可以在产品投入生产之前预测批量产品的合格率。利用蒙特卡洛方法进行电路模拟仿真可以为电路的实际生产提供可靠的依据，使产品的成品率在可控范围内。对获得的模型参数进行蒙特卡洛分析，确定模型参数的微小波动不会对电路设计产生重大影响。为了验证已得出的模型参数的灵敏度，对 MOSFET 器件等效电路模型中各个元件参数给定容许变化范围，再分析 MOSFET 器件的小信号电路模型端口 S 参数，验证 S 参数的变化范围，S 参数的稳定性即表征电路模型输出特性的稳定性。

研究本征元件模型参数的同时波动对模型精度的影响具有重要意义，网络 S 参数显然是关于 6 个本征参数的函数：

$$S_{ij}=f(C_{gs},C_{gd},C_{ds},g_m,\tau,R_{ds}) \qquad (4.129)$$

式中，$S_{ij}(i,j=1,2)$ 表征网络特性的 4 个 S 参数。

由本征参数的偏差引起的 S_{ij} 偏差可以通过下式获得：

$$\frac{\Delta S_{ij}}{S_{ij}}=K_{C_{gs}}^{S_{ij}}\frac{\Delta C_{gs}}{C_{gs}}+K_{C_{gd}}^{S_{ij}}\frac{\Delta C_{gd}}{C_{gd}}+K_{C_{ds}}^{S_{ij}}\frac{\Delta C_{ds}}{C_{ds}} \\ +K_{g_m}^{S_{ij}}\frac{\Delta g_m}{g_m}+K_{\tau}^{S_{ij}}\frac{\Delta \tau}{\tau}+K_{R_{ds}}^{S_{ij}}\frac{\Delta R_{ds}}{R_{ds}} \qquad (4.130)$$

式中，$K_x^{S_{ij}}$ 就是参数 S_{ij} 对元件 x 的灵敏度。

测量仪器的不确定性使得 S 参数测量存在偏差，导致本征参数提取结果的不确定性。采用蒙特卡洛方法对等效电路模型进行最坏情况分析（最坏情况是指电路元件值同时发生波动时，S 参数幅度的波动达到最大值或最小值）。在 0.5～50GHz 的频率范围内对 MOSFET 器件模型进行电路特性仿真，首先分别设定 6 个本征参数值的标准值，其中标准值为表 4.11 中最佳提取频率条件下的数值，波动范围为参数的不确定度，如 C_{gs} 标准值为 52.7fF，浮动范围为 2.6%，取样样本数目为 200。

为了更好地展现两种极端情况下 S 参数的误差，图 4.55 给出了抽样数据中 S 参数的最大值 S_{ij}^{max} 和最小值 S_{ij}^{min}，以及相对标准数据的偏移率。其偏移率的定义为"元件参数值发生波动情况下的 S 参数幅度最大值与最小值之差与标准 S 参数幅度的比值"：

$$偏移率=\left|\frac{S_{ij}^{max}-S_{ij}^{min}}{S_{ij}}\right|\cdot 100\% \qquad (4.131)$$

由图 4.55 可以看出，两种极端情况下的 S_{11} 参数偏移率在 3% 以下，S_{12} 偏移率在 7% 以下，S_{12} 在低频（0.5～10GHz）时偏移率在 10% 左右，随着频率的升高，偏移率稳定在 6% 左右；同样，在低频时 S_{22} 的偏移率在 9% 左右，而在中高频条件时偏移率降到 1% 左右，所有 S 参数幅度的摆动，范围都符合预期。

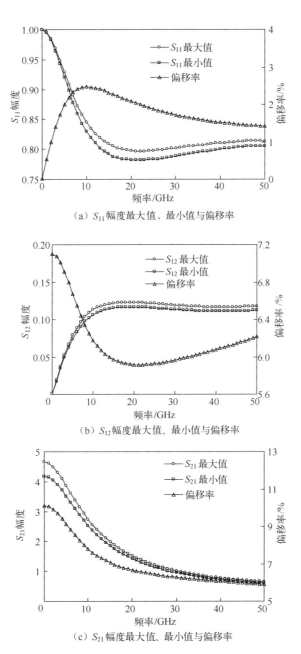

(a) S_{11} 幅度最大值、最小值与偏移率

(b) S_{12} 幅度最大值、最小值与偏移率

(c) S_{21} 幅度最大值、最小值与偏移率

图 4.55 S 参数偏移率与频率关系曲线

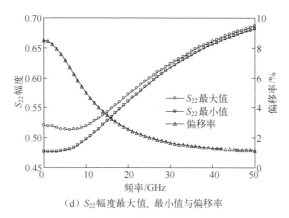

(d) S_{22} 幅度最大值、最小值与偏移率

图 4.55 S 参数偏移率与频率关系曲线（续）

4.6 本章小结

本章阐述了 MOSFET 器件小信号等效电路模型的建模方法与流程，分析了常用的射频去嵌方法，并给出了相应的等效电路模型。对比分析了多种寄生串联电阻提取的方法，推导了模型参数的提取公式。由于器件模型参数的提取和模型验证是基于仪器测量数据的，而测量数据通常会有一定的测量误差，该测量误差最终将导致模型和参数提取得不准确，针对 S 参数测量误差对 MOSFET 器件小信号等效电路模型参数提取的影响展开了深入研究，推导了本征参数对 S 参数的灵敏度，并将两者相结合，得到模型参数对 S 参数的不确定度，最终给出了模型参数的不确定度及最佳频率提取范围。

参 考 文 献

[1] YTTERDAL T, CHENG Y, FJELDLY T A. Device modeling for analog and RF CMOS circuit design [M]. John Wiley & Sons, Ltd, 2003.

[2] GAO J. Optoelectronic Integrated circuit design and device modeling [M]. John Wiley & Sons, Ltd, 2010.

[3] GAO J. RF and microwave modeling and measurement techniques for field effect transistors [M]. Raleigh, SciTech Publishing, Inc., NC, USA, 2010.

[4] GAO J, WERTHOF A. Direct parameter extraction method for deep submicrometer MOSFET small signal equivalent circuit [J]. IET Microwaves, Antennas and Propagation, 2009, 3 (4):

564-571.

[5] MANGAN A M, VOINIGESCU S P, YANG M T, et al. De-embedding transmission line measurements for accurate modeling of IC designs [J]. IEEE Transactions on Electron Devices, 2006, 53 (2): 235-241.

[6] CHO H, BURK D E. A three-step method for the de-embedding of high-frequency S-parameter measurements [J]. IEEE Transactions on Electron Devices, 1991, 38 (6): 1371-1374.

[7] VANDAMME E P, SCHREURS D M M, DINTHER C V. Improved three-step de-embedding method to accurately account for the influence of pad parasitics in silicon on-wafer RF test-structures [J]. IEEE Transactions on Electron Devices, 2001, 48 (4): 737-742.

[8] AKTAS A, ISMAIL M. Pad de-embedding in RF CMOS [J]. IEEE Circuits and Devices Magazine, 2001, 17 (3): 8-11.

[9] 程加力. 射频微波 MOS 器件参数提取与建模技术研究 [D]. 上海: 华东师范大学, 2012.

[10] CHENG J, GAO J. Analysis and modeling of the pads for RF CMOS based on EM simulation [J]. Microwave Journal, 2010, 53 (10): 96-108.

[11] CHENG J, HAN B, LI S, et al. An improved and simple parameter extraction method and scaling model for RF MOSFETs up to 40GHz [J]. International Journal of Electronics, 2012, 99 (5): 707-718.

[12] KOLDING T E. Shield-based microwave on-wafer device measurements [J]. IEEE Transaction on Microwave Theory and Techniques, 2001, 49 (6): 1039-1044.

[13] MEI S, ISMAIL Y I. Modeling skin and proximity effects with reduced realizable RL circuits [J]. IEEE Transaction on Very Large Scale Integration System, 2004, 12 (4): 437-447.

[14] ZHOU Y, YU P, YAN N, et al. An improved de-embedding procedure for nanometer MOSFET small signal modeling [J]. Microelectronics Journal. 2016, 57 (11): 60-65.

[15] 周影, 于盼盼, 高建军. 多胞 MOSFET 器件的射频建模和参数提取 [J]. 红外与毫米波学报. 2017, 36 (5): 550-554.

[16] RIOS E T, TORRES R T, FIERRO G V, GUTIERREZ-D E A. A method to determine the gate bias-dependent and gate bias-independent components of MOSFET series resistance from S-parameters [J]. IEEE Transactions on Electron Devices, 2006, 53 (3): 571-573.

[17] LEE S, YU H K. A Semi-analytical parameter extraction of a SPICE BSIM3v3 for RF MOSFET's using S-parameters [J]. IEEE Transactions on Microwave Theory and Techniques, 2000, 48 (3): 412-416.

[18] YU P, GAO J. A novel approach to extracting extrinsic resistances for equivalent circuit model of nanoscale MOSFET [J]. International Journal of Numerical Modeling: Electronic Networks, Devices and Fields, 2016, 29 (6): 1045-1054.

[19] 于盼盼. 90nm MOSFET 晶体管微波建模与参数提取技术研究 [D]. 上海: 华东师范大学, 2018.

[20] 周影. 多胞 MOSFET 器件小信号模型参数提取和灵敏度分析 [D]. 上海: 华东师范大

学，2017.

[21] ANHOLT R, WORLEY R, NEIDHARD R. Statistical analysis of GaAs MESFET S-parameter equivalent-circuit models [J]. International Journal of Microwave and Millimeter Wave Computer Aided Engineering, 1991, 1 (3): 263-27.

[22] KING F D, WINSON P, SNIDER A D, et al. Math methods in transistor modeling: condition numbers for parameter extraction [J]. IEEE Transactions on Microwave Theory and Techniques, 2002, 46 (9): 1313-1314.

[23] CHENG J, CANGELLARIS A C, YAGHMOUR A M, et al. Sensitivity analysis of multiconductor transmission lines and optimization for high-speed interconnect circuit design [J]. IEEE Transactions on Advanced Packaging, 2002, 23 (2): 132-141.

[24] FAGER C, LINNER L J P, PEDRO J C. Optimal parameter extraction and uncertainty estimation in intrinsic FET small-signal models [J]. IEEE Transactions on Microwave Theory and Techniques, 2002, 50 (12): 2797-2803.

第 5 章

MOSFET 器件非线性经验模型

与 III-V 族化合物半导体器件相比，基于硅材料的 MOSFET 器件具有成本低和集成度高的优势，快速发展的无线通信技术推动了硅 CMOS 技术在射频微波领域的应用。由于对功耗和噪声的严格限制，对设计人员来说，至关重要的是能够准确地预测所设计电路的性能，提高一次设计成功率。

5.1 非线性电路模型的构建

MOSFET 晶体管小信号等效电路模型对于理解器件的物理特性及改进工艺具有重要意义，但其不能反映晶体管射频大信号功率谐波特性。为了准确描述器件的大信号物理特性，指导微波功率放大电路、混频器电路及振荡器等集成电路设计，建立非线性等效电路模型是计算机辅助设计必不可少的环节。小信号等效电路模型是指在固定的偏置电压下的器件模型，而大信号模型需要确定不同偏置条件下的小信号等效电路模型，因此大信号模型由无数小信号等效电路模型组合而成[1-3]。

图 5.1 为典型的非线性等效电路模型建模流程。首先利用零偏置与强反型偏置下的 S 参数测量数据提取寄生元件值，随后利用多偏置点下的 S 参数测量数据可以得到本征元件值，然后在电路模拟软件中优化，得到所有元件的最终取值。利用每个偏置点本征电容 C_{gs} 与 C_{gd} 的取值可以建立非线性电荷模型。利用测量的直流电流数据建立直流电流 I_{ds} 模型，最后建立完整的非线性等效电路模型。器件建模的最终目的是建立可以应用于电路仿真软件的模型，所以将器件模型嵌入电路仿真软件中是器件建模不可或缺的一步，对于 MOSFET 晶体管大信号，将通过漏极输出电流 $I_{ds}(V_{gs}, V_{ds})$、栅源存储电荷 $Q_{gs}(V_{gs}, V_{ds})$ 和栅漏存储电荷 $Q_{gd}(V_{gs}, V_{ds})$ 来描述大信号特性。

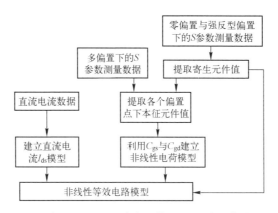

图 5.1 射频 MOSFET 非线性等效电路模型建模流程

5.2 常用的 MOSFET 大信号模型

5.2.1 BSIM 模型

目前工业界最常用的经典 MOSFET 器件模型是 BSIM 模型[4,5]，大多数芯片厂商采用 BSIM 模型描述所制造的 MOSFET 器件的电气特性，模型参数的提取有两种不同的方法：基于单个器件的方法与基于一组器件的方法。单个器件提取法是用一个器件的数据提取模型的所有参数，可以保证对一个器件的拟合精度很高，对其他尺寸不同器件的拟合精度不高。该方法不能保证提取的参数具有合理的物理意义，也不能提取与晶体管尺寸相关的参数。BSIM3v3 版本模型采用基于一组器件的提取方法，需要一组不同尺寸晶体管的测量数据，对一组器件的拟合精度要好于前一种方法。参数优化也有两种不同的方法：全局优化法与局部优化法。全局优化法将每个参数当作拟合参数优化，容易产生与参数物理意义不一致的优化结果；局部优化法可以保证提取的参数与物理意义相一致。值得注意的是，BSIM3v3 模型采用局部优化法提取模型参数。

BSIM 模型的参数提取与优化工作可以采用专门的模型参数提取软件自动完成。图 5.2 给出了 0.13μm×5μm×4 指器件（栅长×栅宽×栅指数）I-V 输出特性仿真与测量结果对比图，栅源电压 V_{gs} 的范围为 0.5～1.2V。图 5.3～图 5.5 同时分别给出了 0.18μm×5μm×4 指、0.24μm×5μm×4 指和 0.35μm×5μm×4 指器件 I-V 输出特性仿真与测量结果对比图。从 4 幅图的比较来看，随着器件栅长的减小，器件的跨导越来越大，在同样的偏置条件下，源漏电流也越来越大。从数据的吻合度来说，在器件沟道长度较大时仿真数据拟合得比较好。但随着沟道尺寸的减小，误差将变大，其中原因在于随着沟道长度变小，各种高阶效应，尤其是短沟效应对器件的影响变大[6]。

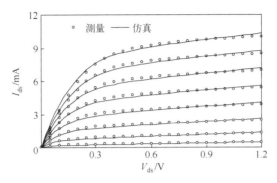

图 5.2　0.13μm×5μm×4 指器件 I-V 输出特性仿真与测量结果对比图

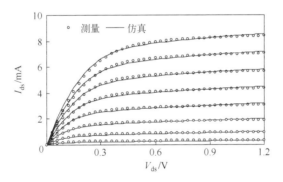

图 5.3　0.18μm×5μm×4 指器件 I-V 输出特性仿真与测量结果对比图

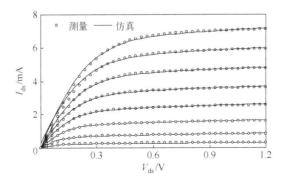

图 5.4　0.24μm×5μm×4 指器件 I-V 输出特性仿真与测量结果对比图

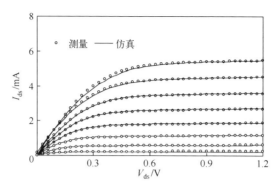

图 5.5　0.35μm×5μm×4 指器件 I-V 输出特性仿真与测量结果对比图

5.2.2　Angelov 非线性模型

1992 年，Angelov 等人提出了一个统一的可用于场效应晶体管的非线性模型[7]，对于 MESFET、MOSFET 和 HEMT 器件均适用，在商用电路模拟软件中被称为 Angelov 模型。其源漏直流电流公式为：

$$I_{ds} = I_{pk}(1+\tanh(\phi))\tanh(\alpha V_{ds})(1+\lambda V_{ds}) \tag{5.1}$$

或为

$$I_{ds} = I_{pk}(1+\tanh(\phi))\tanh(\alpha V_{ds})\exp(\lambda V_{ds}) \tag{5.2}$$

相应的跨导和漏导计算公式为：

$$g_m = \frac{\partial I_{ds}}{\partial V_{gs}} = I_{pk}\text{sech}^2(\phi)\frac{d\phi}{dV_{gs}}\tanh(\alpha V_{ds})(1+\lambda V_{ds}) \tag{5.3}$$

$$g_{ds} = \frac{\partial I_{ds}}{\partial V_{ds}} = I_{pk}[1+\tanh(\phi)][\lambda\tanh(\alpha V_{ds})+\alpha\,\text{sech}^2(\alpha V_{ds})(1+\lambda V_{ds})] \tag{5.4}$$

沟道长度调制效应也可以用指数函数 $\exp(\lambda V_{ds})$ 的一阶近似来表示：

$$\exp(\lambda V_{ds}) = 1+\lambda V_{ds}+\frac{1}{2}(\lambda V_{ds})^2+\cdots \tag{5.5}$$

这里函数 ϕ 可以用一系列 $(V_{gs}-V_{pk})$ 的幂函数之和来表示：

$$\phi = P_1(V_{gs}-V_{pk})+P_2(V_{gs}-V_{pk})^2+P_3(V_{gs}-V_{pk})^3+\cdots \tag{5.6}$$

因此源漏直流电流公式可以简化为：

$$I_{ds} = I_{pk}(1+\tanh(P_1(V_{gs}-V_{pk})))\tanh(\alpha V_{ds})\exp(\lambda V_{ds}) \tag{5.7}$$

I_{pk} 和 V_{pk} 为跨导达到最大值时的漏电流和栅电压。V_{pk} 和漏源电压之间的关系可以表示为：

$$V_{pk}(V_{ds}) = V_{pko} + (V_{pks} - V_{pko})\tanh(\alpha V_{ds}) \tag{5.8}$$

饱和电压参数 α 描述为 V_{gs} 的函数：

$$\alpha = \alpha_r + \alpha_s \exp\left(\frac{V_{gs}}{nkT}\right) \tag{5.9}$$

Angelov 模型中电荷模型采用和 I_{ds} 相似的函数：

$$C_{gs} = C_{gso}[1 + \tanh(\phi_1)][1 + \tanh(\phi_2)] \tag{5.10}$$

$$C_{gd} = C_{gdo}[1 + \tanh(\phi_3)][1 - \tanh(\phi_4)] \tag{5.11}$$

这里：

$$\phi_1 = P_{0gsg} + P_{1gsg}V_{gs} + P_{2gsg}V_{gs}^2 + P_{3gsg}V_{gs}^3 + \cdots \tag{5.12}$$

$$\phi_2 = P_{0gsd} + P_{1gsd}V_{ds} + P_{2gsd}V_{ds}^2 + P_{3gsd}V_{ds}^3 + \cdots \tag{5.13}$$

$$\phi_3 = P_{0gdg} + P_{1gdg}V_{gs} + P_{2gdg}V_{gs}^2 + P_{3gdg}V_{gs}^3 + \cdots \tag{5.14}$$

$$\phi_4 = P_{0gdd} + (P_{1gdd} + P_{1cc}V_{gs})V_{ds} + P_{2gdd}V_{ds}^2 + P_{3gdd}V_{ds}^3 + \cdots \tag{5.15}$$

上述公式满足对称特性：

$$\frac{\partial C_{gs}}{\partial V_{gd}} = \frac{\partial C_{gd}}{\partial V_{gs}} \tag{5.16}$$

相应的电荷公式为：

$$Q_{gs} = C_{gsp}V_{gs} + C_{gso}(V_{gs} + L_{c1} + V_{gs}T_{ch2} + L_{c1}T_{ch2}) \tag{5.17}$$

$$Q_{gd} = C_{gdp}V_{gd} + C_{gdo}(V_{gd} + L_{c4} + V_{gs}T_{ch3} + L_{c4}T_{ch3}) \tag{5.18}$$

这里：

$$L_{c1} = \frac{\log[\cosh(P_{10} + P_{11}V_{gs})]}{P_{11}} \tag{5.19}$$

$$T_{h2} = \tanh[P_{20} + P_{21}V_{ds}] \tag{5.20}$$

$$L_{c4} = \frac{\log[\cosh(P_{40} + P_{41}V_{gd})]}{P_{41}} \tag{5.21}$$

$$T_{h3} = \tanh[P_{30} + P_{31}V_{ds}] \tag{5.22}$$

5.3 保护环对器件特性的影响

器件的保护环对深亚微米 MOSFET 器件的直流性能和高频性能的影响非常重要，本节使用 90nm 标准 CMOS 工艺制造了具有 4 个不同保护环结构的 MOSFET 器件，并对其性能进行了详细的比较研究，提出了一种结合保护环效应的直流和小信号等效电路模型，推导一组简单而有效的公式，为具有不同保护环结构的器件 S 参数转换提供了双向计算公式[8]。

在标准 CMOS 技术中，保护环已被广泛用于改善 MOSFET 器件和电路的性能，主要作用包括[9-12]：

（1）保护环阻止了耦合电流，减小了衬底到 MOSFET 器件信号的串扰，降低了由衬底注入的噪声。

（2）可以通过保护环抑制器件闩锁效应。

（3）通过在整个器件周围放置一个保护环并连接到器件的 p 阱，可以将体积电阻降至最低。

下面介绍保护环对深亚微米 MOSFET 器件的直流性能和高频性能的影响，以及不同测试结构保护环的实验研究结果。值得注意的是，所有 MOSFET 器件在同一晶片上制造，并使用相同的工艺条件制造。通过构建多种测试结构的电路模型，利用电路仿真工具优化 MOSFET 性能以观察保护环的作用，评估保护环对器件和电路的影响。

5.3.1 保护环的结构

在这项工作中使用的 NMOSFET 器件由 90nm 标准 CMOS 工艺制作完成。为了研究保护环对深亚微米 MOSFET 器件的直流性能和高频性能的影响，NMOSFET 器件采用了 4 种不同类型的保护环测试结构（基本单元），如图 5.6 所示：

（1）无保护环结构的器件（NGR），如图 5.6（a）所示。

（2）具有围绕器件的矩形保护环（GR），如图 5.6（b）所示。

（3）仅具有单侧保护环结构的器件，包括两种结构（仅水平或垂直保护环，即一半的保护环），也称为 SGR，如图 5.6（c）所示。

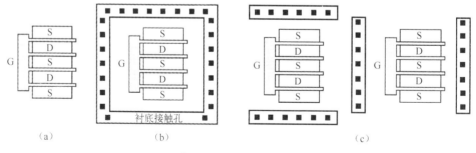

图 5.6　保护环测试结构

从代工厂的角度来看，由于存在保护环，芯片面积和成本将增加。图 5.7 给出了由多个基本单元组成的大尺寸 MOSFET 器件的拓扑结构，n 表示大尺寸 MOSFET 器件所包含的单元数。

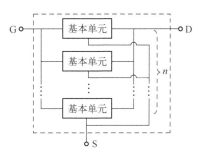

图 5.7 多单元 MOSFET 器件拓扑结构

5.3.2 DC 特性的分析对比

首先考虑大信号的情况，图 5.8 给出了 N 沟道 MOSFET 器件的横截面示意图。对于不具有保护环结构（NGR）的 MOSFET 器件（见图 5.8（a）），浮体效应表现为线性区域中源漏电流稍高，饱和区域则会出现 Kink 效应，导致过早击穿。众所周知，Kink 效应是由在沟道的截止区域中的高电场引起的碰撞电离导致的，因此当 MOSFET 器件在饱和区工作时会发生这种情况。电子-空穴对通过碰撞电离产生，并被漏极附近的电场分隔，因此电子将漂移到漏极，而空穴被注入衬底体区域中。在碰撞电离期间，衬底体电位迅速增加到等于体-源极结内建

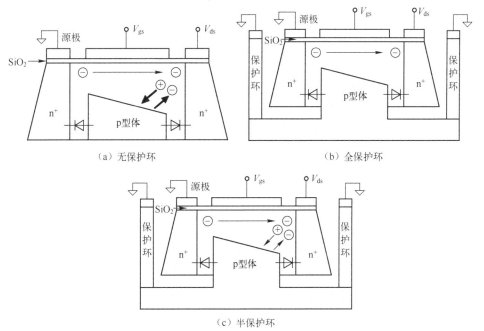

图 5.8 N 沟道 MOSFET 器件的横截面示意图

电位的值，它会降低阈值电压并增加沟道电流。由于源-体结变为正向偏置，因此附加的电子将从源极注入衬底体中。如果沟道足够短，则这些电子中的很大一部分不会与沟道中的空穴复合，而是被漏极收集。这种效应可以利用一个和场效应晶体管并联的寄生 NPN 双极型晶体管来表示。

对于具有保护环结构（GR）的 MOSFET 器件（见图 5.8（b）），保护环意味着在晶体管周围存在高掺杂的衬底环，因此体-源极结始终被反向偏置，从而消除了 Kink 效应。但是，如果仅通过半防护（水平或垂直 GR）接地，则由于体区域中的电势分布不均匀，在沟道的截止区域中会产生小的 Kink 电流（见图 5.8（c））。

为了描述漏极到源极电流的非线性行为，可采用一个类似场效应晶体管器件的源漏 DC 模型[13]，如下所示：

$$I_{ds} = \frac{\beta(V_{gs}-V_t)^2}{1+bV_{gs}}(1+\lambda_t V_{ds})\tanh(\alpha_t V_{ds}) \quad (5.23)$$

这里：

$$V_t = V_{to} - k_t V_{ds}$$
$$\lambda_t = \lambda - k_\lambda V_{gs}$$
$$\alpha_t = \alpha + k_\alpha V_{gs}$$

式中，β 为跨导系数（单位 A/V^2）；α 为电压饱和参数（单位 V^{-1}）；λ 为沟道长度调制系数（单位 V^{-1}）；V_{to} 为阈值电压（单位 V）；b 为拟合因子（单位 V^{-1}）；k_t 用于模拟阈值电压随 V_{ds} 的变化（无量纲）；k_λ 用于模拟沟道长度调制系数随 V_{gs} 的变化（单位 V^{-2}）；k_α 用于模拟电压饱和参数随 V_{gs} 的变化（单位 V^{-2}）。

表 5.1 给出了利用 90nm CMOS 工艺制作的用于研究保护环影响的 4 种器件结构（栅指数×单指栅宽×单元数）。值得注意的是，4 种不同器件的栅长分别为 90nm、90nm、240nm 和 240nm。

表 5.1 MOSFET 器件结构

器件结构	MOSFET 器件			
	4 指×0.6μm×18 单元 (90nm)	8 指×1μm×6 单元 (90nm)	32 指×1.5μm×2 单元 (240nm)	32 指×1μm×2 单元 (240nm)
全保护环	√	√	√	√
半保护环	×	√	√	√
无保护环	√	√	√	×

针对 4 指×0.6μm×18 单元和 32 指×1.5μm×2 单元 MOSFET 器件，表 5.2 和表 5.3 分别给出了全保护环和无保护环情况下的 DC 模型参数，图 5.9 给出了这两种器件 DC 特性曲线比较。可以发现，随着栅长的减小，Kink 效应始于 V_{ds} 较低的位置，因为较短的栅长会导致较低的饱和电压（V_{sat}），从而导致较高的倍增

系数。超过 Kink 效应漏极电压的进一步增加导致漏极电流的平方指数增加，最终导致强烈的寄生双极型晶体管作用。图 5.10 给出了在偏置条件 $V_{ds}=1.2V$ 下对两种器件不同保护环结构的跨导和输出电导的比较。很明显，通过对亚微米和深亚微米 MOSFET 器件使用保护环可以消除 Kink 效应。

表 5.2 90nm MOSFET 全保护环和无保护环 DC 模型参数

模型参数	0.09μm×4 指×0.6μm×18 单元		
	全保护环	无保护环	
		无 Kink 效应	Kink 区域
$\beta(\times 10^{-3})/(A/V^2)$	5.35	5.8	5.1
α/V^{-1}	8.0	8.6	8.0
V_{to}/V	0.45	0.45	0.35
λ/V^{-1}	0.88	0.88	0.95
b/V^{-1}	1.65	1.65	1.65
k_λ/V^{-2}	0.55	0.48	0.4

表 5.3 240nm MOSFET 全保护环和无保护环 DC 模型参数

模型参数	0.24μm×32 指×1.5μm×2 单元		
	全保护环	无保护环	
		无 Kink 效应	Kink 区域
$\beta(\times 10^{-2})/(A/V^2)$	4.98	5.4	3.42
α/V^{-1}	5.8	5.7	5.5
V_{to}/V	0.4	0.4	0.35
λ/V^{-1}	0.13	0.5	1.1
b/V^{-1}	1.24	1.24	0.9
k_λ/V^{-2}	0.3	0.7	0.59

表 5.4 给出了 0.09μm×8 指×1μm×6 单元和 0.24μm×32 指×1.5μm×2 单元（栅长×栅指数×单指栅宽×单元数）MOSFET 器件的 DC 模型参数比较，每种器件都有全保护环和半保护环两种结构。图 5.11 给出了具有全保护环和半保护环结构的 90nm 和 240nm MOSFET 器件 DC 特性比较。与无保护环结构相比，具有半保护环结构的 MOSFET 器件中的 Kink 效应电流变得很小，尤其是在深亚微米器件中可以忽略不计。图 5.12 给出了在偏置条件 $V_{ds}=1.2V$ 下对两种器件不同保护环结构的跨导和输出电导的比较。显然对于深亚微米（而不是亚微米）MOSFET 器件采用 SGR 结构可以消除大部分 Kink 效应。

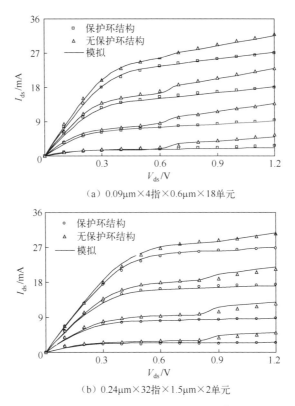

(a) 0.09μm×4指×0.6μm×18单元

(b) 0.24μm×32指×1.5μm×2单元

图 5.9 90nm 和 240nm MOSFET 器件 DC 特性曲线比较

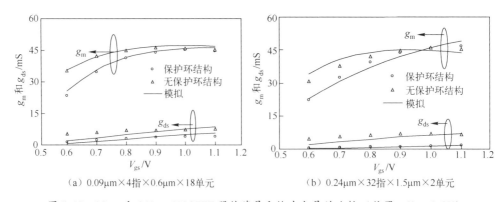

(a) 0.09μm×4指×0.6μm×18单元   (b) 0.24μm×32指×1.5μm×2单元

图 5.10 90nm 和 240nm MOSFET 器件跨导和输出电导的比较（偏置：$V_{ds}=1.2\text{V}$）

表 5.4 具有全保护环和半保护环的 DC 模型参数比较

模型参数	0.09μm×8 指×1μm×6 单元		0.24μm×32 指×1.5μm×2 单元	
	全保护环	半保护环	全保护环	半保护环
β (×10^{-2})/(A/V^2)	1.75	1.76	4.98	3.15
α/V^{-1}	5.4	5.0	5.8	7.0
V_{to}/V	0.42	0.42	0.4	0.4
λ/V^{-1}	0.63	0.66	0.13	1.1
b/V^{-1}	1.5	1.5	1.24	0.59
k_λ/V^{-2}	0.5	0.5	0.3	0.55
k_t (无量纲)	0	0	0	−0.03
k_α/V^{-2}	0	0.08	0	0.2

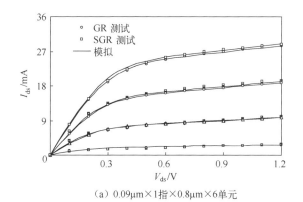

(a) 0.09μm×1指×0.8μm×6单元

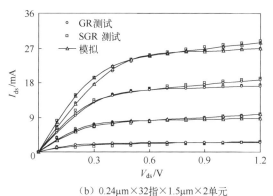

(b) 0.24μm×32指×1.5μm×2单元

图 5.11 具有全保护环和半保护环结构的 90nm 和 240nm MOSFET 器件 DC 特性比较

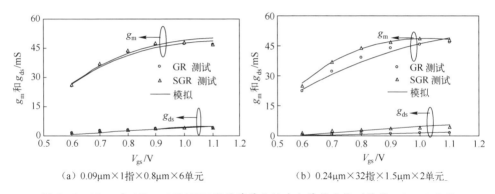

(a) 0.09μm×1指×0.8μm×6单元　　　(b) 0.24μm×32指×1.5μm×2单元

图 5.12　90nm 和 240nm MOSFET 器件跨导和输出电导的比较（偏置：$V_{ds}=1.2\text{V}$）

5.3.3　S 参数的分析对比

下面讨论保护环对器件射频特性的影响。值得注意的是，无论是否含有不同结构的保护环，器件的等效电路模型拓扑结构是一样的，但是不同结构的器件模型参数是不一样的。

图 5.13 给出了基本单元本征部分等效电路模型。其 Y 参数可以表示为：

$$Y_{11}=j\omega(C_{gs}+C_{gd}) \quad (5.24)$$

$$Y_{12}=-j\omega C_{gd} \quad (5.25)$$

$$Y_{21}=g_m e^{-j\omega\tau}-j\omega C_{gd} \quad (5.26)$$

$$Y_{22}=g_{ds}+j\omega(C_{ds}+C_{gd}) \quad (5.27)$$

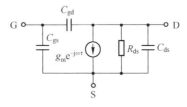

图 5.13　基本单元本征部分等效电路模型

相应的 S 参数可以表示为：

$$S_{11}=\frac{(Y_o-Y_{11})(Y_o+Y_{22})+Y_{12}Y_{21}}{(Y_o+Y_{11})(Y_o+Y_{22})-Y_{12}Y_{21}} \quad (5.28)$$

$$S_{12}=\frac{-2Y_{12}Y_o}{(Y_o+Y_{11})(Y_o+Y_{22})-Y_{12}Y_{21}} \quad (5.29)$$

$$S_{21} = \frac{-2Y_{21}Y_o}{(Y_o+Y_{11})(Y_o+Y_{22})-Y_{12}Y_{21}} \quad (5.30)$$

$$S_{22} = \frac{(Y_o+Y_{11})(Y_o-Y_{22})+Y_{12}Y_{21}}{(Y_o+Y_{11})(Y_o+Y_{22})-Y_{12}Y_{21}} \quad (5.31)$$

这里的 Y_o 为特征导纳，对于标准 50Ω 系统 $Y_o=0.02\text{S}$。

从物理结构角度来看，Kink 效应仅改变了 DC 特性的跨导和输出电导，而其他本征电容模型参数（C_{gs}、C_{gd} 和 C_{ds}）对于不同的保护环结构保持不变。

根据上述分析，对于不同结构的本征电容，有：

$$C_{gs}^{GR} = C_{gs}^{NGR} = C_{gs}^{SGR} \quad (5.32)$$

$$C_{gd}^{GR} = C_{gd}^{NGR} = C_{gd}^{SGR} \quad (5.33)$$

$$C_{ds}^{GR} = C_{ds}^{NGR} = C_{ds}^{SGR} \quad (5.34)$$

对于跨导和输出电导，有：

$$g_m^{NGR} = (1+k_{NGR}^g)g_m^{GR} \quad (5.35)$$

$$g_{ds}^{NGR} = (1+k_{NGR}^d)g_{ds}^{GR} \quad (5.36)$$

$$g_m^{SGR} = (1+k_{SGR}^g)g_m^{GR} \quad (5.37)$$

$$g_{ds}^{SGR} = (1+k_{SGR}^d)g_{ds}^{GR} \quad (5.38)$$

式中，k_{NGR}^g 和 k_{SGR}^g 分别为没有保护环结构和含有半保护环结构的 Kink 效应跨导因子；k_{NGR}^d 和 k_{SGR}^d 分别为没有保护环结构和含有半保护环结构的 Kink 效应漏导因子。

根据 S 参数和 Y 参数之间的关系可以得到：

$$S_{11}^{GR} \approx S_{11}^{NGR} \approx S_{11}^{SGR} \quad (5.39)$$

$$S_{12}^{NGR} \approx \frac{Y_o+ng_{ds}^{GR}}{Y_o+ng_{ds}^{NGR}}S_{12}^{GR} \quad (5.40)$$

$$S_{12}^{SGR} \approx \frac{Y_o+ng_{ds}^{GR}}{Y_o+ng_{ds}^{SGR}}S_{12}^{GR} \quad (5.41)$$

$$S_{21}^{NGR} \approx \frac{g_m^{NGR}(Y_o+ng_{ds}^{GR})}{g_m^{GR}(Y_o+ng_{ds}^{NGR})}S_{21}^{GR} \quad (5.42)$$

$$S_{21}^{SGR} \approx \frac{g_m^{SGR}(Y_o+ng_{ds}^{GR})}{g_m^{GR}(Y_o+ng_{ds}^{SGR})}S_{21}^{GR} \quad (5.43)$$

$$S_{22}^{\text{NGR}} \approx S_{22}^{\text{GR}} = \frac{(Y_o - ng_{ds}^{\text{NGR}})(Y_o + ng_{ds}^{\text{GR}})}{(Y_o - ng_{ds}^{\text{GR}})(Y_o + ng_{ds}^{\text{NGR}})} S_{22}^{\text{GR}} \qquad (5.44)$$

$$S_{22}^{\text{SGR}} \approx \frac{(Y_o - ng_{ds}^{\text{SGR}})(Y_o + ng_{ds}^{\text{GR}})}{(Y_o - ng_{ds}^{\text{GR}})(Y_o + ng_{ds}^{\text{SGR}})} S_{22}^{\text{GR}} \qquad (5.45)$$

从上述公式可以看出，对于3种不同的保护环结构（全保护环结构GR、无保护环结构NGR和半保护环结构SGR），其S_{11}保持不变，S_{12}变化不大，同时S_{21}和器件跨导成正比，S_{22}和输出电导相关。根据上述公式，可以由全保护环结构的S参数直接获得无保护环和半保护环结构的S参数。这3种结构的S参数可以双向转换。

表5.5给出了0.09μm×4指×0.6μm×18单元GR-MOSFET器件小信号模型参数。图5.14给出了0.09μm×4指×0.6μm×18单元GR-MOSFET器件S参数模拟和测试对比曲线，偏置条件为$V_{gs}=1.0\text{V}$和$V_{ds}=1.0\text{V}$。图5.15给出了0.09μm×4指×0.6μm×18单元NGR-MOSFET器件S参数模拟和测试对比曲线，模拟数据由双向公式根据GR-MOSFET获得，模拟和测试数据吻合，证明了公式的正确性。

表5.5 0.09μm×4指×0.6μm×18单元GR-MOSFET器件小信号模型参数

参 数	数 值	参 数	数 值
L_g/pH	250	C_{jd}/fF	0.8
L_d/pH	150	C_{gs}/fF	3.0
L_s/pH	90	C_{gd}/fF	1.55
R_g/Ω	20	C_{ds}/fF	1.6
R_d/Ω	120	g_m/mS	1.05
R_s/Ω	10	g_{ds}/mS	0.077
R_{sub}/Ω	3000	R_{gs}/Ω	10

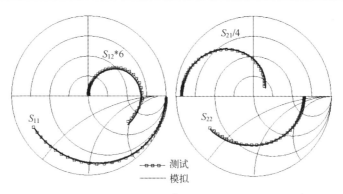

图5.14 0.09μm×4指×0.6μm×18单元GR-MOSFET器件S参数模拟和测试对比曲线（偏置：$V_{gs}=1.0\text{V}$，$V_{ds}=1.0\text{V}$）

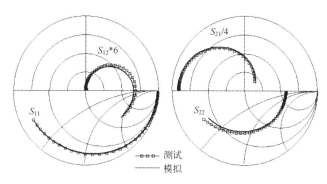

图 5.15　0.09μm×4 指×0.6μm×18 单元 NGR-MOSFET 器件 S 参数模拟和测试对比曲线（g_m^{NGR} = 2.8mS，g_{ds}^{NGR} = 0.33mS。偏置：V_{gs} = 1.0V，V_{ds} = 1.0V）

表 5.6 给出了 0.24μm×32 指×1.5μm×2 单元 GR-MOSFET 器件小信号模型参数。图 5.16 给出了 0.24μm×32 指×1.5μm×2 单元 GR-MOSFET 器件 S 参数模拟和测试对比曲线，偏置条件为 V_{gs} = 1.0V 和 V_{ds} = 1.0V。图 5.17 给出了 0.24μm×32 指×1.5μm×2 单元 NGR-MOSFET 器件的 S 参数模拟和测试对比曲线，模拟数据由双向公式根据 GR-MOSFET 获得，模拟和测试数据吻合很好。

表 5.6　0.24μm×32 指×1.5μm×2 单元 GR-MOSFET 器件小信号模型参数

参　数	数　值	参　数	数　值
L_g/pH	15	C_{jd}/fF	5.4
L_d/pH	15	C_{gs}/fF	106
L_s/pH	2	C_{gd}/fF	28
R_g/Ω	2.5	C_{ds}/fF	22
R_d/Ω	10	g_m/mS	24.5
R_s/Ω	1	g_{ds}/mS	1
R_{sub}/Ω	400	R_{gs}/Ω	5

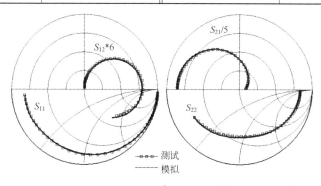

图 5.16　0.24μm×32 指×1.5μm×2 单元 GR-MOSFET 器件 S 参数模拟和测试对比曲线（偏置：V_{gs} = 1.0V，V_{ds} = 1.0V）

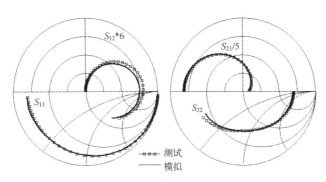

图 5.17　0.24μm×32 指×1.5μm×2 单元 NGR-MOSFET 器件 S 参数模拟和测试对比曲线（g_m^{NGR} = 25.7mS，g_{ds}^{NGR} = 1.92mS。偏置：V_{gs} = 1.0V，V_{ds} = 1.0V）

表 5.7 给出了 0.09μm×8 指×1μm×6 单元 GR-MOSFET 器件小信号模型参数。图 5.18 给出了相应的器件 S 参数模拟和测试对比曲线，偏置条件为 V_{gs} = 1.0V 和 V_{ds} = 1.0V。图 5.19 给出了 0.09μm×8 指 ×1μm×6 单元 SGR-MOSFET 器件的 S 参数模拟和测试对比曲线。模拟数据由双向公式根据 GR-MOSFET 获得，模拟和测试数据吻合良好。

表 5.7　0.09μm×8 指×1μm×6 单元 GR-MOSFET 器件小信号模型参数

参　　数	数　　值	参　　数	数　　值
L_g/pH	60	C_{jd}/fF	5.4
L_d/pH	40	C_{gs}/fF	9
L_s/pH	30	C_{gd}/fF	4.2
R_g/Ω	8	C_{ds}/fF	2
R_d/Ω	25	g_m/mS	8.25
R_s/Ω	2	g_{ds}/mS	0.77
R_{sub}/Ω	400	R_{gs}/Ω	30

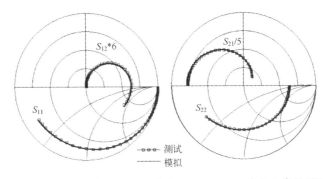

图 5.18　0.09μm×8 指×1μm×6 单元 GR-MOSFET 器件 S 参数模拟和测试对比曲线（偏置：V_{gs} = 1.0V，V_{ds} = 1.0V）

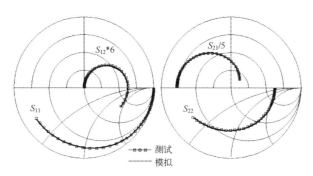

图 5.19　0.09μm×8 指×1μm×6 单元 SGR-MOSFET 器件 S 参数模拟和测试对比曲线（g_m^{SGR} = 8.35mS，g_{ds}^{SGR} = 0.8mS。偏置：V_{gs} = 1.0V，V_{ds} = 1.0V）

表 5.8 给出了 0.24μm×32 指×1μm×2 单元 GR-MOSFET 器件小信号模型参数。图 5.20 给出了相应的器件 S 参数模拟和测试对比曲线，偏置条件为 V_{gs} = 1.0V 和 V_{ds} = 1.0V。图 5.21 给出了 0.24μm×32 指×1μm×2 单元 SGR-MOSFET 器件 S 参数模拟和测试对比曲线。模拟数据由双向公式根据 GR-MOSFET 获得，模拟和测试数据吻合得很好。值得注意的是，对于同样尺寸的具有不同保护环结构的器件，其 S_{21} 几乎是一样的，原因是跨导和漏导同时变化。

表 5.8　0.24μm×32 指×1μm×2 单元 GR-MOSFET 器件小信号模型参数

参　数	数　值	参　数	数　值
L_g/pH	35	C_{jd}/fF	4.4
L_d/pH	40	C_{gs}/fF	27
L_s/pH	6	C_{gd}/fF	14
R_g/Ω	2	C_{ds}/fF	20
R_d/Ω	8	g_m/mS	22.8
R_s/Ω	1	g_{ds}/mS	2.22
R_{sub}/Ω	400	R_{gs}/Ω	5

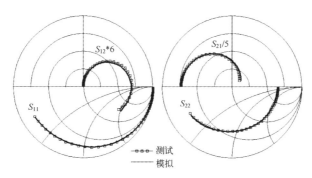

图 5.20　0.24μm×32 指×1μm×2 单元 GR-MOSFET 器件 S 参数模拟和测试对比曲线（偏置：V_{gs} = 1.0V，V_{ds} = 1.0V）

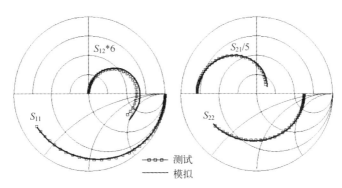

图 5.21 0.24μm×32 指×1μm×2 单元 SGR-MOSFET 器件 S 参数模拟和测试对比曲线（g_m^{SGR} = 25mS，g_{ds}^{SGR} = 2.44mS。偏置：V_{gs} = 1.0V，V_{ds} = 1.0V）

5.4 考虑 DC/AC 色散效应的大信号模型

随着工艺尺寸的不断缩小，对器件特性的准确表征及大信号模型建模精确性提出了更高的要求，在建模过程中将会在传统模型的基础上做一定的修正，以便适应 MOSFET 器件的特点。值得注意的是，跨导 g_m 及输出电导 g_{ds} 在 DC 工作状态和 RF 工作状态下的数值不一致，这个现象与 III/V 族场效应器件高频色散现象类似[14-17]，因此在硅基 MOSFET 器件建模中也同样需要考虑 DC/AC 色散效应。本节主要讨论如何构建一个既可以预测器件 DC 特性，又可以预测器件 DC/AC 色散效应的非线性模型[18-21]。

5.4.1 MOSFET 器件直流 I-V 经验模型

源漏直流电流随偏置电压的变化是非线性等效电路建模中的关键科学问题。从器件物理角度而言，器件的输出电流取决于沟道载流子迁移率和载流子浓度，而器件栅极电压会控制载流子浓度，从而达到调控电流的目的。本节借鉴 GaAs 工艺的金属半导体场效应晶体管的直流经验模型来模拟 MOSFET 器件的 DC 特性。其 DC 模型的数学表达式简洁明了，且与计算机辅助设计软件兼容。通常在经验模型的选择上倾向于用两个独立的函数表达式来分别描述栅极电压和漏极电压对漏极输出电流的控制作用，即采用 $I_{ds} = f_1(V_{gs}) f_2(V_{ds})$ 的形式。其优点在于可以方便地对模型参数进行提取，容易理解各个偏置电压对电流曲线的控制作用，当然两个独立的部分也存在耦合。本节将在 STATZ 模型的基础上对其进行一定的修正来精确描述 MOSFET 器件的电流特性，并给出相应的模型参数提取方法。

基于 STATZ 模型，提出了一种适用于 MOSFET 器件的电流模型[21]：

$$I_{ds} = \frac{\beta \{\ln[1+\exp(B(V_{gs}-V_t))]\}^2}{1+b(V_{gs}-V_t)}(1+\lambda V_{ds})\tanh(\alpha V_{ds}) \quad (5.46)$$

这里：

$$V_t = V_{to} - \gamma V_{ds}$$

$$\beta = \frac{W \cdot M \cdot N}{W_e \cdot M_e \cdot N_e} \mu_e(V_{gs}, V_{ds})$$

式中，I_{ds} 代表直流条件下的漏极电流；V_{to} 为零偏置条件下的阈值电压；β 是跨导参数；λ 为沟道长度调制效应参数；b 为拖尾因子；α 代表饱和电压参数；γ 表示阈值电压随漏源电压 V_{ds} 变化的参数；B 为拟合参数；由于被测器件是由多个元胞并联而成的，因此 W、M 和 N 分别表示被测器件的栅宽长度、叉指数和单元数，W_e、M_e 和 N_e 分别表示基本单元的单指栅宽长度、叉指数和单元数。

表中的每个模型参数又是偏置电压的函数：

$$\lambda = \lambda_1 V_{gs}^2 + \lambda_2 V_{gs} + \lambda_3 \quad (5.47)$$

$$\alpha = \alpha_1 V_{gs}^2 + \alpha_2 V_{gs} + \alpha_3 \quad (5.48)$$

$$b = b_1 V_{ds} + b_2 \quad (5.49)$$

$$\mu_e(V_{gs}, V_{ds}) = (\mu_1 V_{gs}^2 + \mu_2 V_{gs} + \mu_3)(\mu_4 V_{ds} + \mu_5) \quad (5.50)$$

以一栅长为 90nm、栅宽为 4 指×1μm×12 单元（栅指数×栅宽×单元数）MOSFET 器件为例进行建模，表 5.9 给出了直流模型参数的提取值，优化后的直流测试结果和模拟结果比较分别如图 5.22 和图 5.23 所示。从图中可以看出，无论线性区还是饱和区，其模拟结果与测试数据都吻合得很好。

表 5.9 直流模型参数的提取值

模型参数	参数提取值	模型参数	参数提取值
V_{to}	0.4	γ	0.0625
μ_1	−5.40E−5	μ_2	1.366E−4
μ_3	−2.93E−5	μ_4	−1.064
μ_5	4.816	b_1	1.081
b_2	2.722E−1	λ_1	−5.399
λ_2	1.074E1	λ_3	−2.283
α_1	−2.811	α_2	2.071
α_3	1.213E1	B	15

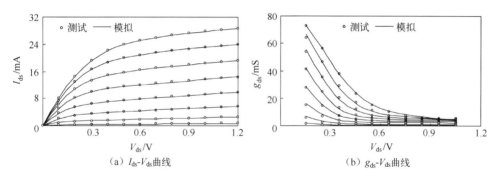

(a) I_{ds}-V_{ds}曲线 (b) g_{ds}-V_{ds}曲线

图 5.22 4指×1μm×12单元 MOSFET 器件模型模拟数据与测试数据的比较
（偏置电压：$V_{gs}=0.5\sim 1.2\text{V}$，步长为 0.1V）

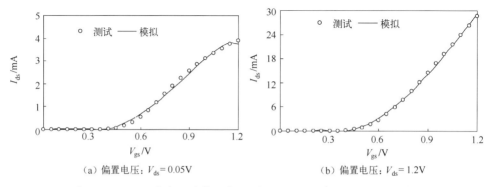

(a) 偏置电压：$V_{ds}=0.05\text{V}$ (b) 偏置电压：$V_{ds}=1.2\text{V}$

图 5.23 I_{ds}-V_{gs}曲线（器件尺寸：4指×1μm×12单元 MOSFET 器件）

为了进一步估计误差值，表 5.10 给出了 3 个模型的均方根误差（RMS），均方根公式为：

$$\varepsilon = \frac{1}{N}\sum_{i=0}^{i=N}(I_{dmeas}^{i} - I_{dmod}^{i})^2 \quad (5.51)$$

式中，I_{dmeas}为漏极测试电流；I_{dmod}为漏极模型仿真电流。

表 5.10 直流模型与 STATZ 模型和 BSIM3v3 模型的均方根误差比较

模型参数数目		RMS 误差	
		$V_{gs}=0.3\sim 0.5\text{V}$ $V_{ds}=0\sim 1.2\text{V}$	$V_{gs}=0.6\sim 1.2\text{V}$ $V_{ds}=0\sim 1.2\text{V}$
直流模型	16	2.2293E-9	5.3831E-9
STATZ 模型	5	5.4584E-8	2.8931E-7
BSIM3v3 模型	70+	1.0460E-8	8.9477E-2

直流模型可通过将简单的缩放规则应用于模型参数 μ_e 来保证模型的比例特性。为了进一步验证模型的可缩放性，对 16 指×1μm×2 单元的 MOSFET 器件，图 5.24～图 5.26 分别给出了模型模拟数据与测试数据的比较结果，两组数据拟合良好，验证了该直流模型的可缩放性。

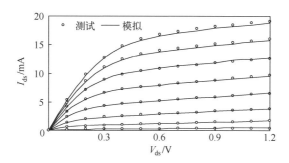

图 5.24　栅宽 16 指×1μm×2 单元 MOSFET 器件 I_{ds}-V_{ds} 曲线
（偏置电压：V_{gs}=0.5～1.2V，步长为 0.1V）

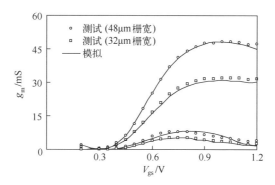

图 5.25　栅宽 4 指×1μm×12 单元和栅宽 16 指×1μm×2 单元的 MOSFET 器件 g_m-V_{gs} 曲线

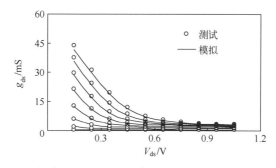

图 5.26　栅宽 16 指×1μm×2 单元 MOSFET 器件 g_{ds}-V_{ds} 曲线
（偏置电压：V_{gs}=0.5～1.2V，步长为 0.1 V）

5.4.2 色散大信号模型建模流程

随着工作频率的提高,以及器件栅长缩小到深亚微米范围,传统的方法已经无法准确地描述射频器件的高频特性,尤其对于包含多个单元的大尺寸器件。色散效应将会导致高频下的跨导 g_m 和输出导纳 g_{ds} 与直流条件下测得的 g_m 和输出导纳 g_{ds} 不一致,为了表征该色散效应,可在传统的大信号模型中的漏极加入 RF 电流源和分支电导,如图 5.27 所示的虚线内结构即为色散效应模型。

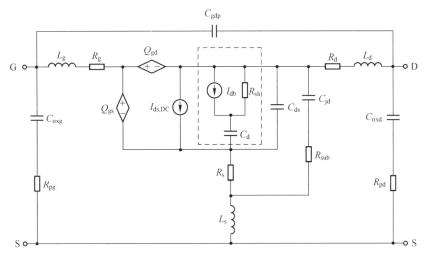

图 5.27 考虑色散效应的 MOSFET 非线性等效电路模型

模型中采用双电流源的方法:$I_{ds,DC}$ 用来表示直流状态下的跨导和输出电导的贡献;拓扑结构中的 RC 分支(R_{sh}、C_d)和 I_{db} 用来修正高频条件下的跨导和输出电导色散导致的偏差。在直流条件下,由于存在支路电容,RC 分支不起作用,此时总电流仅包含 $I_{ds,DC}$;而在高频时,大电容短路导通,I_{db} 电流源开始起作用,此时总电流为 $I_{ds,DC}$ 与 I_{db} 之和。

为了解决 DC 和 AC 的色散问题,在本征部分漏极-源极之间加入一个并联支路(见图 5.27 中虚线框)来描述该高频散射问题,图中 I_{db} 表示 DC 与 AC 之间的色散效应:

$$I_{db}(V_{gs}, V_{ds}) = I_{ds,RF} - I_{ds,DC} \tag{5.52}$$

这里:

$$I_{ds,RF} = I_{ds}(V_{gs}, V_{ds}, r_{RF})$$
$$I_{ds,DC} = I_{ds}(V_{gs}, V_{ds}, r_{DC})$$

图 5.27 与小信号等效电路模型不同的是,本征部分不再是具体的元件值,

而是各个参数与电压关系的非线性集合。图 5.28 给出了 MOSFET 非线性模型建模流程图。

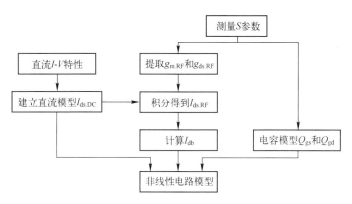

图 5.28 MOSFET 非线性模型建模流程图

建模过程如下：

(1) 源漏直流电流模型：对线性区和饱和区的输出 I-V 特性进行准确描述，给出相应的模型参数提取方法。

(2) 对不同偏置电压下的 S 参数进行寄生参数剥离，得到本征参数跨导 $g_{m.RF}$、输出漏导 $g_{ds.RF}$、栅源电容 C_{gs} 及栅漏电容 C_{gd} 随偏置电压变化曲线。

(3) 计算 RF 情况下的源漏电流。根据公式：

$$g_{m.RF}(V_{gs},V_{ds})=\frac{\partial}{\partial V_{gs}}I_{ds.RF}(V_{gs},V_{ds}) \tag{5.53}$$

$$g_{ds.RF}(V_{gs},V_{ds})=\frac{\partial}{\partial V_{ds}}I_{ds.RF}(V_{gs},V_{ds}) \tag{5.54}$$

利用积分关系计算 RF 情况下的源漏电流：

$$I_{ds.RF}=\int_0^{V_{gs}}g_m dV_{gs}=\int_0^{V_{ds}}g_m dV_{ds} \tag{5.55}$$

(4) 根据测试得到的 DC 条件下的源漏电流 $I_{ds.DC}$ 和 RF 情况下的源漏电流 $I_{ds.RF}$ 计算色散电流 I_{db}。

(5) 利用栅源电容 C_{gs} 及栅漏电容 C_{gd} 的积分即可得到栅源电荷 Q_{gs} 和栅漏电荷 Q_{gd}，其中栅漏电容与栅源电容和电荷的关系式为[18-20]：

$$C_{gd}=\frac{\partial Q_{gs}}{\partial V_{ds}}+\frac{\partial Q_{gd}}{\partial V_{ds}} \tag{5.56}$$

$$C_{gs}=\frac{\partial Q_{gs}}{\partial V_{gs}}+\frac{\partial Q_{gd}}{\partial V_{gs}} \tag{5.57}$$

为了保证电荷守恒规律，以免造成非线性仿真误差或仿真不收敛，需要同时满足：

$$\frac{\partial C_{gd}}{\partial V_{gs}} = \frac{\partial C_{gs}}{\partial V_{ds}} \tag{5.58}$$

5.4.3 色散模型参数提取

以 90nm 工艺制作的栅宽为 4 指×1μm×12 单元和 16 指×1μm×12 单元（栅指数×单指栅宽×单元数）两个器件为例，利用多个不同电压偏置条件下（V_{gs} 为 0.4～1.2V，步长为 0.2V；V_{ds} 为 0.4～1.2V，步长为 0.2V）的 S 参数获得射频本征元件的数值，分析 DC/AC 色散效应带来的影响。

图 5.29 和图 5.30 分别给出了 DC 和 RF 情况下的跨导和输出导纳随偏置电压的关系图。从图中可以看到，跨导在高栅压偏置条件时会出现很明显的色散效应（数据不一致），且射频跨导要明显高于直流跨导值，跨导的色散效应会随着 V_{gs} 的增加而增加，研究推测是由电子陷阱导致的，而输出导纳的色散效应则随着 V_{ds} 的增加而变小。表 5.11 给出了高频直流模型参数提取结果。值得注意的是，

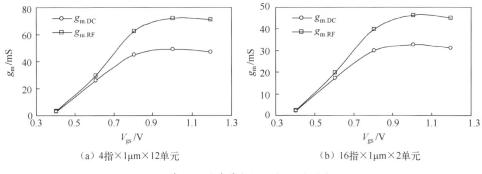

图 5.29 DC 和 RF 情况下的跨导数据比较（偏置电压：$V_{ds}=1.2V$）

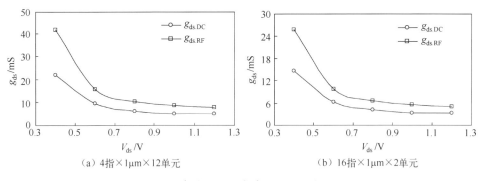

图 5.30 DC 和 RF 条件下的输出导纳（偏置电压：$V_{gs}=1.2V$）

V_{to}、B、b 和 α 参数值与直流情况下提取的数值一致。图 5.31 给出了 4 指×1μm×12 单元 MOSFET 器件模型模拟数据与提取数据比较结果。从图中看出，$g_{m.RF}$ 和 $g_{ds.RF}$ 的提取数据和模拟数据吻合得较好。对射频跨导 $g_{m.RF}$ 和射频输出电导 $g_{ds.RF}$ 积分即可得到 $I_{ds.RF}$ 的曲线。图 5.32 为高频下电流 $I_{ds.RF}$ 和直流下电流 $I_{ds.DC}$ 的比较图。从图中很明显可以看出，频率色散效应导致高频和直流条件下的电流不一致，射频电流明显高于直流电流。

表 5.11 高频直流模型参数提取结果

模 型 参 数	参数提取值	模 型 参 数	参数提取值
γ_{RF}	0.08	μ_{1RF}	$-2.80E-4$
μ_{2RF}	$5.33E-4$	μ_{3RF}	$-1.69E-4$
μ_{4RF}	-0.19	μ_{5RF}	2.57
λ_{1RF}	-0.31	λ_{2RF}	0.99
λ_{3RF}	0.82		

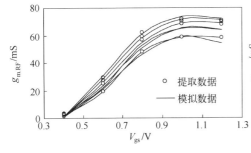

（a）射频跨导 $g_{m.RF}$ 随偏置变化曲线

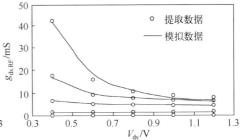

（b）射频电导 $g_{ds.RF}$ 随偏置变化曲线

图 5.31 4 指×1μm×12 单元 MOSFET 器件模型模拟数据与提取数据比较结果
（偏置电压：$V_{gs}=0.4\sim1.2V$，步长为 0.2V）

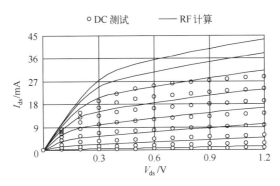

图 5.32 4 指×1μm×12 单元 MOSFET 器件射频和直流输出特性曲线对比
（偏置电压：$V_{gs}=0.5\sim1.2V$，步长为 0.1V）

器件的直流 I-V 特性与高频情况下 I-V 特性不同，即出现了 DC/AC 色散效应。为了验证提取方法的有效性，图 5.33 给出了等效电路模型中两个最重要的与偏置电压相关的模型元件值 $g_{m,RF}$ 和 C_{gs}。图中分别比较了两组数据：一组数据直接从 4 指×1μm×12 单元 MOSFET 器件 S 参数中提取；另一组则从 16 指×1μm×2 单元 MOSFET 器件的模型参数按比例缩放而来。从图 5.33 中可以看出，跨导和栅源电容都遵循按比例缩放规律。下面采用相对误差公式对两个元件参数的误差进行估计，相对误差公式如下：

$$g_{m\_err} = \left| \frac{g_m - g_{m\_sc}}{g_{m\_sc}} \right| \cdot 100\% \tag{5.59}$$

$$C_{gs\_err} = \left| \frac{C_{gs} - C_{gs\_sc}}{C_{gs\_sc}} \right| \cdot 100\% \tag{5.60}$$

式中，C_{gs} 和 g_m 分别代表提取得到的栅源电容和跨导值；C_{gs_sc} 和 g_{m_sc} 分别代表通过缩放得到的栅源电容和跨导值。图 5.34 给出了两个本征元件参数的相对误差曲线。可以看出，相对误差都在 5% 以下，证明了栅源电容和跨导具有较好的可缩放性。

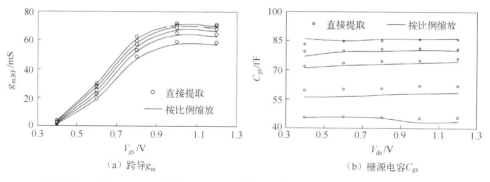

图 5.33　4 指×1μm×12 单元 MOSFET 器件参数提取数据与按比例缩放数据比较
（偏置电压：V_{gs} = 0.4～1.2V，步长为 0.2V）

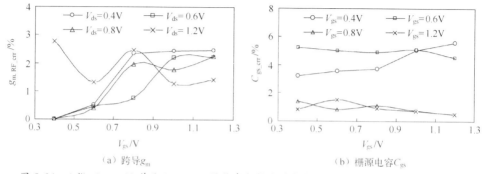

图 5.34　4 指×1μm×12 单元 MOSFET 器件参数提取值与按比例缩放数据的相对误差曲线

第5章 MOSFET器件非线性经验模型

非线性电容模型描述的是栅源电容C_{gs}和栅漏电容C_{gd}随外部偏置电压（V_{gs}和V_{ds}）的变化关系，通过对不同偏置条件下MOSFET器件进行参数提取可以获得$C_{gs}(V_{gs},V_{ds})$和$C_{gd}(V_{gs},V_{ds})$的曲线。值得注意的是，漏源电容C_{ds}主要和沟道电荷相关，且随偏置电压的变化很小，在非线性分析中，通常都将该电容视为常数。因此接下来的工作只对栅源电容C_{gs}和栅漏电容C_{gd}进行建模，同时在建立C-V模型的过程中，需要保证电荷守恒以避免模型的收敛性。

双曲正切函数在非线性特性描述中是最常用的一个函数，结合指数函数来表征栅源电容C_{gs}和栅漏电容C_{gd}随偏置电压变化特性，这里给出了两个非线性电容的经验表达式[21]：

$$C_{gs} = \frac{\partial Q_{gs}}{\partial V_{gs}} + \frac{\partial Q_{gd}}{\partial V_{gs}} = C_{gsp} + \frac{C_{gs0}}{1+e^{-a_1 V_{gs}+a_2}}\tanh(a_3 V_{ds}) \tag{5.61}$$

$$C_{gd} = \frac{\partial Q_{gs}}{\partial V_{ds}} + \frac{\partial Q_{gd}}{\partial V_{ds}} = C_{gdp} + \frac{C_{gd0}}{1+e^{-c_1 V_{dg}+c_2}}\tanh(c_3 V_{gs}) \tag{5.62}$$

式中，Q_{gs}和Q_{gd}分别代表栅源电荷和栅漏电荷；C_{gsp}和C_{gdp}分别为零偏置条件下的电容值；C_{gs0}、C_{gd0}、a_1、a_2、a_3、c_1、c_2和c_3分别为模型拟合参数。

此时系统总电荷为$Q_g = Q_{gs} + Q_{gd}$。其中Q_{gs}和Q_{gd}可以通过对电容积分获得：

$$Q_{gs} = C_{gsp}V_{gs} + \frac{C_{gs0}}{a_1}\{\ln[1+\exp(-a_1 V_{gs}+a_2)]+(a_1 V_{gs}-a_2)\} \cdot \tanh(a_3 V_{ds}) \tag{5.63}$$

$$Q_{gd} = C_{gdp}V_{ds} + \frac{C_{gd0}}{c_1}\{\ln[1+\exp(-c_1 V_{dg}+c_2)]+(c_1 V_{dg}-c_2)\} \cdot \tanh(c_3 V_{gs}) \tag{5.64}$$

利用4指×1μm×12单元MOSFET器件来验证上述模型，图5.35给出了测试数据与模型模拟数据比较图。从图中可以看出，两组数据吻合良好。表5.12给出了电容模型参数提取结果。

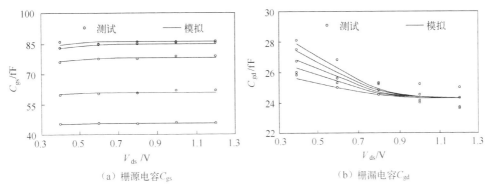

图5.35 测试数据与模型模拟数据比较图（偏置电压：$V_{gs}=0.4\sim1.2V$，步长为0.2V）

表 5.12 电容模型参数提取结果

模 型 参 数	参数提取值	模 型 参 数	参数提取值
C_{gsp}/fF	39.5	C_{gs0}/fF	47.4
a_1	8.387	a_2	5.241
a_3	4.826	C_{gdp}/fF	24.3
C_{gd0}/fF	8.4	c_1	−7.845
c_2	−4.437	c_3	0.515

5.4.4 模型的实现和验证

器件建模的目的是利用模型对电路特性进行性能预测。模型与电路仿真软件兼容是非常重要的,因此验证电路模型首先需要在电路模拟软件中实现。目前常用的选择是利用符号定义器件方法(宏模型)完成自定义器件模型的嵌入,通过定义端口数、端口电压、端口电流及公式导数来建立器件模型。图 5.36 为 MOSFET 器件非线性等效电路模型的本征部分拓扑及其节点编号,在电路仿真软件中可以利用电阻、电容及非线性受控源来完成模型的实现,需要利用 4 个节点电压。

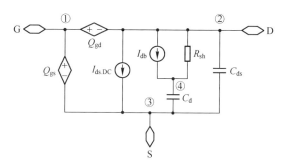

图 5.36 MOSFET 器件非线性等效电路模型的本征部分拓扑及其节点编号

以 4 指×1μm×12 单元器件为例,图 5.37 给出了模型模拟结果与测试 Y 参数结果比较,为了更好地观察吻合程度,在此以 Y 参数实部和虚部的形式代替史密斯圆图,偏置电压为 $V_{gs} = V_{ds} = 1.2\text{V}$,频率范围为 1~50GHz。从图 5.37 中可以看出,模型的模拟结果与测试结果吻合良好。为了验证模型的可伸缩性,图 5.38 给出了栅宽为 16 指×1μm×2 单元晶体管的模型模拟数据与测试 Y 参数结果比较。可以看出,在 1~40GHz 频率范围内吻合较好,当大于 40GHz 时,模拟数据与测量数据之间存在一定的偏差。

第5章 MOSFET器件非线性经验模型

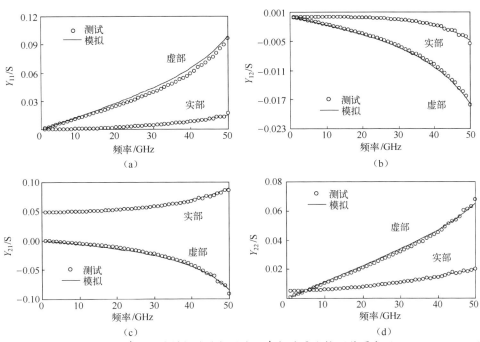

图5.37 4指×1μm×12单元器件模拟结果与测试Y参数结果比较（偏置电压：$V_{gs}=V_{ds}=1.2\text{V}$）

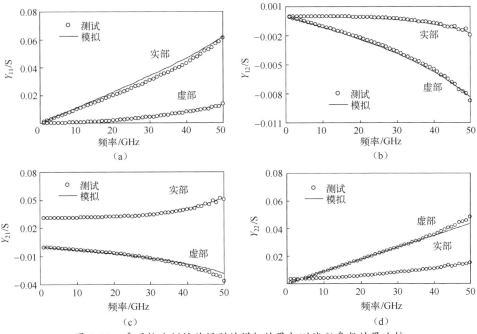

图5.38 采用按比例缩放规则的模拟结果与测试Y参数结果比较
（器件尺寸：16指×1μm×2单元。偏置电压：$V_{gs}=V_{ds}=1.2\text{V}$）

5.5 本章小结

本章首先介绍了常用的 MOSFET 器件非线性模型，讨论了保护环对深亚微米 MOSFET 器件直流性能和高频性能的影响，对具有 4 个不同保护环结构的 MOSFET 器件性能进行了详细的比较研究，推导了一组简单而有效的公式，为具有不同保护环结构的器件 S 参数转换提供了双向计算公式。对考虑了高频色散效应的 MOSFET 器件大信号特性及模型进行了研究，给出了相应的模型参数提取方法，建立了完整的包括色散效应的大信号等效电路模型并对模型的精度进行了验证。

参 考 文 献

[1] NGOYA E, QUINDROIT C, NEBUS J M. On the Continuous-Time Model for Nonlinear-Memory Modeling of RF Power Amplifiers [J]. IEEE Transactions on Microwave Theory and Techniques, 2009, 57 (12): 3278-3292.

[2] TSIVIDIS Y P, SUYAMA K. MOSFET Modeling for Analog Circuit CAD: Problems and Prospects [J]. IEEE Journal of Solid State Circuits, 1994, 29 (3): 210-216.

[3] RUDOLPH M, FAGER C, ROOT D E. Nonlinear transistor model parameter extraction techniques [M]. Sweden: Cambridge University Press, 2011: 200-220.

[4] CHAUHAN Y S, VENUGOPALAN S, CHALKIADAKI M A, et al. BSIM6: Analog and RF Compact Model for Bulk MOSFET [J]. IEEE Transactions on Electron Devices, 2014, 61 (2): 234-244.

[5] CHENG Y, HU C. MOSFET Modeling & BSIM3 User's Guide [M]. Berlin: Springer, 2002.

[6] 程加力. 射频微波 MOS 器件参数提取与建模技术研究 [D]. 上海: 华东师范大学, 2012.

[7] ANGELOV I, RORSMAN N, STENARSON J, et al. An Empirical Table–Based FET Model [J]. IEEE Transactions on Microwave Theory and Techniques, 1999, 47 (12): 2350-2357.

[8] SUN L, GAO J, WERTHOF A. Effect of guard-ring on the DC and high-frequency performance of deep-submicrometer metal oxide semiconductor field effect transistor. International Journal of RF and Microwave Computer-Aided Engineering [J]. 2014, 24 (2): 259-267.

[9] HOWES R, WHITE W R. A small-signal model for the frequency- dependent drain admittance in floating-substrate MOSFETs [J]. IEEE Journal Solid-State Circuits, 1992, 27 (8): 1186-1193.

[10] SUH D, FOSSUM J G. A physical charge-based model for non-fully depleted SOI MOSFET's

and its use in assessing floating-body effects in SOI CMOS circuits [J]. IEEE Transactions on Electron Devices, 1995, 42 (4): 728-737.

[11] YOUNG K, BURNS J. Avalanche-induced drain-source breakdown in silicon-on-insulator n-MOSFET's. IEEE Transaction on Electron Devices, 1988, 35 (4): 426-431.

[12] SILIGARIS A, DAMBRINE D, SCHREURS D, et al. 130-nm partially depleted SOI MOSFET nonlinear model including the kink effect for linearity properties investigation [J]. IEEE Transaction on Electron Devices, 2005, 52 (12): 2809-2812.

[13] STATZ H, NEWMAN P, SMITH I W, et al. GaAs FET Device and Circuit Simulation in SPICE [J]. IEEE Transactions on Electron Devices, 1987, 34 (2): 160-169.

[14] LADBROOKE P H, BLIGHT S R. Low-field low-frequency dispersion of transconductance in GaAs MESFETs with implications for other rate dependent anomalies [J]. IEEE Transactions on Electron Devices, 1988, 35 (3): 257-267.

[15] HASUMI Y, OSHIMA T, MATSUNAGA N, et al. Analysis of the frequency dispersion of transconductance and drain conductance in GaAs MESFETs [J]. Electronics and Communications in Japan, 2006, 89 (4): 20-28.

[16] JEON K I, KWON Y S, HONG S C. A frequency dispersion model of GaAs MESFET for large-signal applications [J]. IEEE Microwave and Guided Wave Letters, 2002, 7 (3): 78-80.

[17] CAMACHO-PEÑALOSA C, AITCHISON C S. Modelling frequency dependence of output impedance of a microwave MESFET at low frequencies [J]. Electronics Letters, 1985, 21 (12): 528-529.

[18] CIRIT M A. The meyer model revisited: Why is charge not conserved? IEEE Transactions on Computer-Aided Design, 1989, 8 (10): 1033-1037.

[19] SHEU B J, HSU W J, KO P K. An MOS transistor charge model for VLSI design [J]. IEEE Transactions on Computer-Aided Design, 1988, 7 (4): 520-527.

[20] SNIDER A D. Charge conservation and the transcapacitance element: An exposition [J]. IEEE Transactions on Education, 1995, 38 (4): 376-379.

[21] 于盼盼. 90nm MOSFET 晶体管微波建模与参数提取技术研究 [D]. 上海: 华东师范大学, 2018.

第 6 章

MOSFET 器件噪声模型

噪声的大小决定着系统所能接收到的最小信号的强度。噪声的水平决定了一个电路的灵敏度和动态范围。如何准确预测和描述半导体器件的噪声性能,建立精确地反映器件噪声特性的等效电路模型,对于设计低噪声放大电路和振荡器电路等都是非常重要的。值得注意的是,器件的噪声等效电路模型是建立在小信号等效电路模型基础上的。图 6.1 给出了噪声模型和小信号等效电路模型的关系示意图[1,2]。

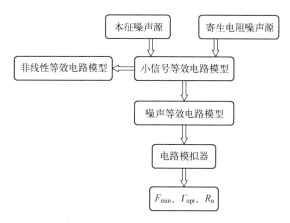

图 6.1 噪声模型和小信号等效电路模型的关系示意图

半导体器件等效电路模型通常包括本征噪声源、寄生电阻噪声源和小信号等效电路模型。其中,本征噪声源主要包括器件内部的栅极感应噪声、漏极沟道噪声及两者之间的相关噪声;寄生电阻噪声源主要是指由寄生电阻产生的热噪声。描述 MOSFET 器件的噪声特性需要确定以下 4 个噪声参数值:最佳噪声系数 F_{min}、最佳噪声电阻 R_n、最佳源电导 G_{opt} 和最佳源电纳 B_{opt}。有了这 4 个噪声参数值,就可以直接计算半导体器件的噪声因子:

第 6 章 MOSFET 器件噪声模型

$$F = F_{\min} + \frac{R_n}{G_s} [(G_s - G_{opt})^2 + (B_s - B_{opt})^2] \quad (6.1)$$

式中，G_s 和 G_{opt} 分别表示源电导和最佳源电导；B_s 和 B_{opt} 分别为源电纳和最佳源电纳。因此源导纳 $Y_s = G_s + jB_s$，最佳源导纳 $Y_{opt} = G_{opt} + jB_{opt}$。

6.1 MOSFET 器件噪声等效电路模型

图 6.2 给出了 MOSFET 器件噪声等效电路模型[3-6]。从图中可以看到，噪声等效电路模型就是在小信号等效电路模型基础上，增加了 8 个噪声源。下面简要介绍噪声源的物理意义。

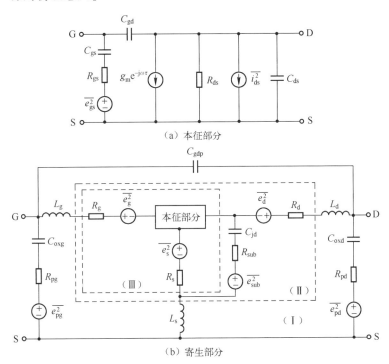

图 6.2 MOSFET 器件噪声等效电路模型

（1）由寄生电阻引起的热噪声

热噪声是由导体中电子的随机布朗运动引起的，由于热运动的不规则性，载流子的分布和运动速度都会有一定的起伏，从而使导体两端电压有相应的涨落。半导体有源器件和无源器件都产生热噪声。一个噪声电阻可以采用理想无噪声电阻与噪声电压源串联的形式来表征，也可以用理想无噪声电阻与噪声电流源并联的形式来表征，如图6.3所示。

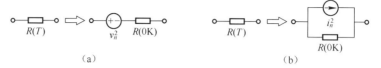

图6.3 电阻的噪声等效电路模型

焊盘寄生电阻噪声（$\overline{e_{pg}^2}$和$\overline{e_{pd}^2}$），栅极、漏极和源极寄生电阻噪声（$\overline{e_g^2}$、$\overline{e_d^2}$和$\overline{e_s^2}$）及衬底寄生电阻噪声（$\overline{e_{sub}^2}$）可以表示为：

$$\overline{e_i^2} = 4kT_o R_i \Delta f \quad i = \mathrm{pg, pd, g, d, s, sub} \tag{6.2}$$

式中，T_o为寄生电阻工作温度，通常设置为室温290K；k为玻耳兹曼常数（1.38×10^{-23}V·C/K）；R_i为寄生电阻值；Δf为噪声带宽。

（2）漏极沟道热噪声$\overline{i_{ds}^2}$和感应栅极噪声$\overline{e_{gs}^2}$

晶体管在偏置电压作用下，沟道开启，载流子在沟道电场作用下开始运动，产生随机热运动，从而导致沟道热噪声的产生。沟道可以当作一个电容板，沟道中由载流子的热运动引起的热噪声经过栅极电容耦合到栅极，产生诱导栅极噪声。该噪声与频率正相关。最为经典的噪声模型是PRC模型，在该模型的基础上，Pospieszalski提出了一种高频噪声模型。不同的是，该模型将栅极上产生的噪声与漏极噪声分离开来，使其成为两个不相关噪声源。对Pospieszalski温度噪声模型进行建模，其数学公式模型表示为[7,8]：

$$\overline{e_{gs}^2} = 4kT_g R_{gs} \Delta f \tag{6.3}$$

$$\overline{i_{ds}^2} = 4kT_d g_{ds} \Delta f \tag{6.4}$$

上述两个本征噪声源$\overline{e_{gs}^2}$和$\overline{i_{ds}^2}$为不相关噪声源，相关噪声为零，即

$$\overline{e_{gs}^* i_{ds}} = 0 \tag{6.5}$$

式中，R_{gs}为沿着沟道的本征分布电阻；T_g和T_d分别为本征电阻R_{gs}和漏极输出电导g_{ds}的等效噪声温度。

6.2 噪声参数去嵌方法

为了获得器件或电路本身的噪声参数，也需要利用去嵌技术消除寄生元件的影响，主要是利用开路等效电路模型消除焊盘的影响，利用寄生电感模型削去馈线的影响。

6.2.1 噪声相关矩阵

二端口噪声网络是由无噪声网络和两个相关噪声源来表征的。噪声源通常可以表示成在带宽 Δf 内的平均起伏（信号中心频率为 f）。二端口噪声网络通常可以用阻抗噪声相关矩阵、导纳噪声相关矩阵、级联相关噪声矩阵等来表征，如图 6.4 所示[9]。

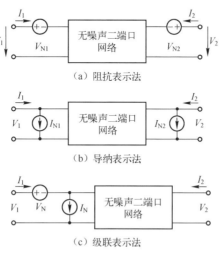

图 6.4　二端口网络的噪声网络表示法

图中，阻抗噪声相关矩阵的端口电压和电流之间的关系为：

$$\begin{pmatrix} V_1 \\ V_2 \end{pmatrix} = \begin{pmatrix} Z_{11} & Z_{12} \\ Z_{21} & Z_{22} \end{pmatrix} \begin{pmatrix} I_1 \\ I_2 \end{pmatrix} + \begin{pmatrix} V_{N1} \\ V_{N2} \end{pmatrix} \quad (6.6)$$

阻抗噪声相关矩阵为：

$$C_Z = \frac{1}{2\Delta f} \begin{pmatrix} \langle V_{N1} \cdot V_{N1}^* \rangle & \langle V_{N1} \cdot V_{N2}^* \rangle \\ \langle V_{N2} \cdot V_{N1}^* \rangle & \langle V_{N2} \cdot V_{N2}^* \rangle \end{pmatrix} \quad (6.7)$$

式中，V_{N1} 和 V_{N2} 分别为输入端口和输出端口的相关噪声电压源，又称为开路噪声电压源。

导纳噪声相关矩阵端口电压和电流之间的关系为：

$$\begin{pmatrix} I_1 \\ I_2 \end{pmatrix} = \begin{pmatrix} Y_{11} & Y_{12} \\ Y_{21} & Y_{22} \end{pmatrix} \begin{pmatrix} V_1 \\ V_2 \end{pmatrix} + \begin{pmatrix} I_{N1} \\ I_{N2} \end{pmatrix} \quad (6.8)$$

导纳噪声相关矩阵可以表示为：

$$C_Y = \frac{1}{2\Delta f} \begin{pmatrix} \langle I_{N1} \cdot I_{N1}^* \rangle & \langle I_{N1} \cdot I_{N2}^* \rangle \\ \langle I_{N2} \cdot I_{N1}^* \rangle & \langle I_{N2} \cdot I_{N2}^* \rangle \end{pmatrix} \quad (6.9)$$

这里，I_{N1} 和 I_{N2} 分别为输入端口和输出端口的相关噪声电流源，又称为短路噪声电流源。其中，级联噪声相关矩阵端口电压和电流之间的关系为：

$$\begin{pmatrix} V_1 \\ I_1 \end{pmatrix} = \begin{pmatrix} A & B \\ C & D \end{pmatrix} \begin{pmatrix} V_2 \\ -I_2 \end{pmatrix} + \begin{pmatrix} V_N \\ I_N \end{pmatrix} \qquad (6.10)$$

级联噪声相关矩阵可以表示为：

$$C_A = \frac{1}{2\Delta f} \begin{pmatrix} \langle V_N \cdot V_N^* \rangle & \langle V_N \cdot I_N^* \rangle \\ \langle I_N \cdot V_N^* \rangle & \langle I_N \cdot I_N^* \rangle \end{pmatrix} \qquad (6.11)$$

这里，V_N 和 I_N 分别为输入端口的相关噪声电压源和电流源，可以根据输出端口开路和短路时的端口电压和电流确定。

上述 3 种噪声相关矩阵之间可以相互转换，转换关系见表 6.1[9]。表中，C 为原矩阵；C' 为导出矩阵，$C' = TCT^+$，T 为变换矩阵，符号"+"为共轭转置。

表 6.1 噪声相关矩阵 C_Y、C_Z 和 C_A 之间的转换关系

		原矩阵 C		
		C_Y	C_Z	C_A
导出矩阵 C'	C_Y'	$\begin{pmatrix} 1 & 0 \\ 0 & 1 \end{pmatrix}$	$\begin{pmatrix} Y_{11} & Y_{12} \\ Y_{21} & Y_{22} \end{pmatrix}$	$\begin{pmatrix} -Y_{11} & 1 \\ -Y_{21} & 0 \end{pmatrix}$
	C_Z'	$\begin{pmatrix} Z_{11} & Z_{12} \\ Z_{21} & Z_{22} \end{pmatrix}$	$\begin{pmatrix} 1 & 0 \\ 0 & 1 \end{pmatrix}$	$\begin{pmatrix} 1 & -Z_{11} \\ 0 & -Z_{21} \end{pmatrix}$
	C_A'	$\begin{pmatrix} 0 & A_{12} \\ 1 & A_{22} \end{pmatrix}$	$\begin{pmatrix} 1 & -A_{11} \\ 0 & -A_{21} \end{pmatrix}$	$\begin{pmatrix} 1 & 0 \\ 0 & 1 \end{pmatrix}$

二端口网络有 3 种互连形式：串联形式、并联形式和级联形式，如图 6.5 所示。假设存在两个不相关的无噪声网络 N_1 和 N_2：N_1 的噪声相关矩阵有阻抗相关噪声矩阵 C_{Z1}、导纳相关噪声矩阵 C_{Y1} 和级联相关噪声矩阵 C_{A1}；N_2 的噪声相关矩阵有 C_{Z2}、C_{Y2} 和 C_{A2}。

串联后，总的网络噪声阻抗相关矩阵可以表示为两个子网络阻抗相关矩阵之和，即

$$C_Z = C_{Z1} + C_{Z2} \qquad (6.12)$$

并联后，总的网络噪声导纳相关矩阵可以表示为两个子网络导纳相关矩阵之和，即

$$C_Y = C_{Y1} + C_{Y2} \qquad (6.13)$$

级联后，总的网络噪声级联相关矩阵为：

$$C_A = C_{A1} + A_1 C_{A2} A_1^+ \qquad (6.14)$$

其中，A_1 为子网络 N_1 的 ABCD 参数矩阵。

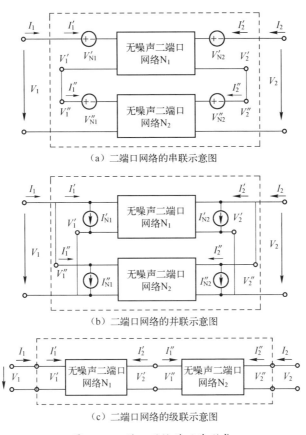

图 6.5 二端口网络的互连形式

6.2.2 噪声去嵌与噪声模型参数提取

由于测量得到的噪声参数 $F_{\min}$、R_n 和 Y_{opt} 受 PAD 和互连线等外围寄生元件的影响,因此,为了得到晶体管本征噪声参数,需要对测量得到的噪声参数进行一定的去嵌处理,具体步骤如下:

(1) 利用噪声参数 $F_{\min}$、R_n 和 Y_{opt} 的值,计算二端口噪声级联矩阵。

$$C_A^{meas} = 4kT \begin{pmatrix} R_n^{meas} & \dfrac{F_{\min}^{meas}-1}{2} - R_n^{meas}(Y_{opt}^{meas})^* \\ \dfrac{F_{\min}^{meas}-1}{2} - R_n^{meas} Y_{opt}^{meas} & R_n^{meas} |Y_{opt}^{meas}|^2 \end{pmatrix} \qquad (6.15)$$

(2) 将噪声级联相关矩阵 C_A^{meas} 转换为导纳噪声相关矩阵 C_Y^{meas},削去焊盘开路结构的影响。

$$C_Y = C_Y^{meas} - C_Y^{open} \qquad (6.16)$$

这里，C_Y^{open} 为开路结构的导纳噪声相关矩阵：

$$C_Y^{open} = 4kT\text{Re}([Y_{open}]) = 4kT \begin{pmatrix} \dfrac{\omega^2 C_{oxg}^2 R_{pg}}{1+(\omega C_{oxg} R_{pg})^2} & 0 \\ 0 & \dfrac{\omega^2 C_{oxd}^2 R_{pd}}{1+(\omega C_{oxd} R_{pd})^2} \end{pmatrix} \quad (6.17)$$

（3）将导纳噪声相关矩阵 C_Y 转换为阻抗噪声相关矩阵 C_Z，削去馈线寄生电感的影响。

$$C_Z^{II} = C_Z - C_Z^s \quad (6.18)$$

这里，C_Z^{II} 为网络 II 的阻抗噪声相关矩阵；C_Z^s 为馈线寄生电感的阻抗噪声相关矩阵，如果馈线可以看作无损传输线，那么 C_Z^s 为零矩阵。

图 6.6 给出了一个典型的噪声参数去嵌结果。可以看到，去嵌后的数据比去嵌前的数据小，但值得注意的是，不同的半导体器件获得的结果会不同[10]。

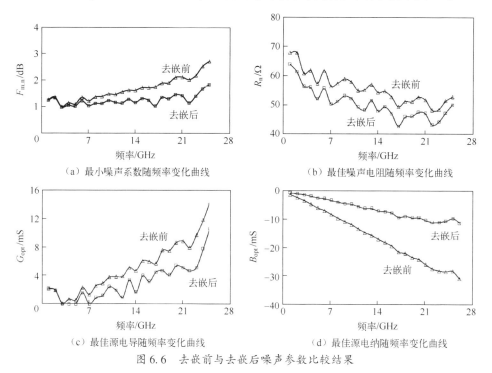

（a）最小噪声系数随频率变化曲线　　（b）最佳噪声电阻随频率变化曲线

（c）最佳源电导随频率变化曲线　　（d）最佳源电纳随频率变化曲线

图 6.6　去嵌前与去嵌后噪声参数比较结果

6.3　噪声参数的表达式

为了优化硅基 MOSFET 器件在低噪声环境下的噪声性能，进一步理解器件的物理机制及各噪声参数对等效电路模型的影响，噪声参数分析表达式的推导是非常重要的一项研究工作。尽管很多文献中给出了噪声参数的分析表达式，然而在推导过程中仅考虑了本征栅源电容、栅源电阻、跨导和输出导纳的影响，而对于硅基 MOSFET 器件，尤其是深亚微米器件，当器件工作在微波毫米波频段时，小尺寸器件的串联寄生电阻和衬底寄生效应已经不可忽略，因此在 MOSFET 晶体管噪声建模过程中必须考虑它们的影响[11]。

本节将在 Pospieszalski 模型基础上对 4 个噪声参数进行推导，在模型拓扑结构中考虑寄生串联电阻和衬底效应，在没有任何假设或估计的基础上，给出其分析表达式。基于噪声相关矩阵技术，4 个噪声参数推导步骤如下：

(1) 计算本征网络噪声等效电路虚线框（见图 6.2 中网络 III）中的级联参数噪声相关矩阵，并考虑栅极和漏极寄生电阻的影响：

$$C_A^{III} = C_A + \begin{pmatrix} R_g + R_s & 0 \\ 0 & 0 \end{pmatrix} \tag{6.19}$$

式中，C_A 为本征部分的级联噪声相关矩阵。

(2) 考虑衬底耦合寄生部分和漏极串联寄生电阻 R_d 后，相应的级联参数噪声相关矩阵（见图 6.2 中网络 II）为：

$$C_A^{II} = C_A^{III} + A_{III} C_A^{SA} A_{III}^+ \tag{6.20}$$

式中，A_{III} 为图 6.2 中虚线框（网络 III）小信号等效电路模型的 ABCD 参数矩阵；C_A^{SA} 为衬底寄生网络和漏极寄生电阻互连结构的级联噪声相关矩阵，因此可以直接获得图 6.2 中网络 II 的 4 个噪声参数：

$$R_n^{II} = C_{A11}^{II} \tag{6.21}$$

$$G_{opt}^{II} = \sqrt{\frac{C_{A22}^{II}}{C_{A11}^{II}} - \left[\frac{\text{Im}(C_{A12}^{II})}{C_{A11}^{II}}\right]^2} \tag{6.22}$$

$$B_{opt}^{II} = \frac{\text{Im}(C_{A12}^{II})}{C_{A11}^{II}} \tag{6.23}$$

$$F_{min}^{II} = 1 + 2\left[\text{Re}(C_{A12}^{II}) + G_{opt}^{II} C_{A11}^{II}\right] \tag{6.24}$$

对于整个器件噪声网络，在低频时（一般情况下<6GHz）馈线寄生电感和衬底寄生效可以忽略，此时 ω 的高阶次数项也可以忽略，噪声参数表达式可简化为：

$$R_n^L = N + R_s + R_g \tag{6.25}$$

$$B_{opt}^L = -\omega\left[\frac{(C_{gs} + C_{gd})N - C_{gs}T_g R_{gs}/T_o}{N + R_s + R_g} + C_{pg}\right] \tag{6.26}$$

$$G_{opt}^L = \frac{\omega C_{gs}}{g_m(N + R_s + R_g)}\sqrt{\frac{T_d g_{ds}}{T_o}\left[R_s + R_g + \frac{T_g R_{gs}}{T_o}\right]} \tag{6.27}$$

$$F_{min}^L = 1 + 2G_{opt}^L R_n^L \tag{6.28}$$

式中，上标符号"L"代表低频；N 是一个常数项，表达式为：

$$N = \frac{T_g R_{gs}}{T_o} + \frac{T_d g_{ds}}{T_o g_m^2} \quad (6.29)$$

从上述噪声参数的表达式中可以看出，在低频条件下，4个电阻（R_g、R_s、R_{gs}和g_{ds}）和3个电容（C_{pg}、C_{gs}和C_{gd}）及跨导参数g_m将会直接影响4个噪声参数F_{min}、R_n、G_{opt}和B_{opt}的值。此外，最佳噪声电阻R_n与频率无关，最佳源电导G_{opt}和最佳源电纳B_{opt}与频率正相关，最佳噪声系数F_{min}则是关于角频率ω的线性函数。

（3）根据Pospieszalski噪声模型与导纳噪声模型参数之间的关系可以直接得到噪声模型参数值。

$$T_g = \frac{C_{Y11}(1+\omega^2 C_{gs}^2 R_{gs}^2)}{4k\Delta f \omega^2 C_{gs}^2 R_{gs}} \quad (6.30)$$

$$T_d = \frac{C_{Y22} - C_{Y11} g_m^2/(\omega C_{gs})^2}{4k\Delta f g_{ds}} \quad (6.31)$$

这里，C_{Y11}和C_{Y22}为本征网络的导纳噪声矩阵参数。

为了验证上述推导的公式，这里以$0.35\mu m \times 16$指$\times 5\mu m$（栅长×指数×栅宽）器件为例来计算相应的噪声参数。表6.2给出了寄生元件模型参数。表6.3给出了$V_{ds}=2.0V$和$V_{gs}=\{0.6V, 0.8V, 1.0V\}$偏置条件下的本征元件模型参数。

表6.2 寄生元件模型参数（$0.35\mu m \times 16$指$\times 5\mu m$）

模 型 参 数	数 值	模 型 参 数	数 值
L_g/pH	35	R_{pd}/Ω	12
L_d/pH	35	R_g/Ω	1.5
L_s/pH	3.5	R_d/Ω	3
R_{pg}/Ω	12	R_s/Ω	2.5
C_{sub}/fF	25	R_{sub}/Ω	200

表6.3 本征元件模型参数（$0.35\mu m \times 16$指$\times 5\mu m$）

模 型 参 数	$V_{gs}=0.6V$	$V_{gs}=0.8V$	$V_{gs}=1.0V$
I_{ds}/mA	2.90	8.24	14.86
C_{gs}/fF	224	260	270
C_{gd}/fF	40	41	41
C_{ds}/fF	14	18	22
g_m/pH	25.4	38	44.2
τ/pS	1.9	1.3	1.2
g_{ds}/mS	0.4	0.7	1.0
R_i/Ω	5	3	3
T_g/K	290	670	870
T_d/K	10270	14000	15000

图 6.7 给出了 S 参数模拟和测试对比曲线,频率范围为 0.1～40GHz,在 3 个不同偏置条件下器件的特征频率 f_t 分别为 14GHz、19GHz 和 22GHz。图 6.8、图 6.9 和图 6.10 分别给出了模拟和测试噪声参数随频率变化曲线(偏置条件:$V_{gs}=0.6V$,0.8V,1.0V,$V_{ds}=2.0V$)。从图中可以看到,模拟数据和测试数据

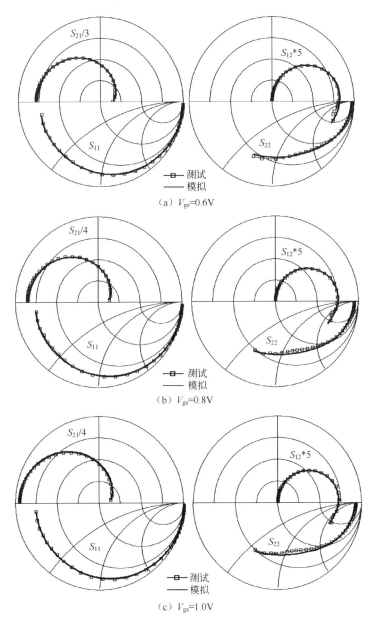

(a) V_{gs}=0.6V

(b) V_{gs}=0.8V

(c) V_{gs}=1.0V

图 6.7 S 参数模拟和测试对比曲线(偏置:$V_{ds}=2.0V$)

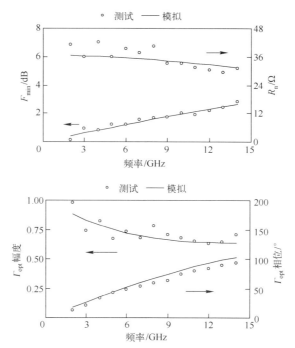

图 6.8　模拟和测试噪声参数随频率变化曲线（偏置条件：$V_{gs}=0.6\text{V}$，$V_{ds}=2.0\text{V}$）

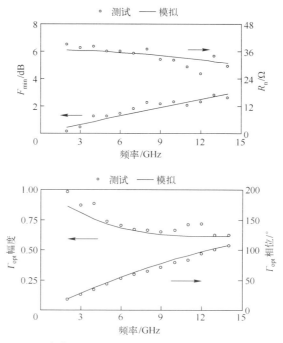

图 6.9　模拟和测试噪声参数随频率变化曲线（偏置条件：$V_{gs}=0.8\text{V}$，$V_{ds}=2.0\text{V}$）

吻合得很好。图 6.11 给出了工作频率为 10GHz 时噪声参数模拟数据和测试数据随栅源电压 V_{gs} 变化曲线。从图中可以看出，F_{min} 和 R_n 随栅源电压 V_{gs} 的增加而增加，Γ_{opt} 幅度随 V_{gs} 的增加而下降，Γ_{opt} 相位随 V_{gs} 的增加而增加。图 6.12 给出了偏置 $V_{gs}=1.4\text{V}$ 和 $V_{ds}=2.0\text{V}$ 情况下的低频噪声参数对比曲线。

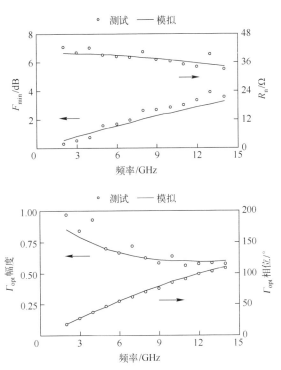

图 6.10 模拟和测试噪声参数随频率变化曲线
（偏置条件：$V_{gs}=1.0\text{V}$，$V_{ds}=2.0\text{V}$）

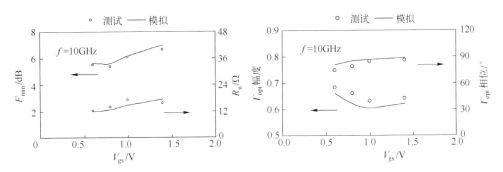

图 6.11 工作频率为 10GHz 时噪声参数模拟数据和测试数据随栅源电压 V_{gs} 变化曲线

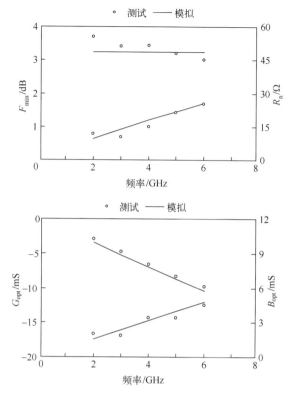

图 6.12 低频噪声参数对比曲线（偏置条件：$V_{gs}=1.4V$，$V_{ds}=2.0V$）

6.4 噪声参数的提取方法

MOSFET 器件噪声参数提取方法目前有两种：一种是基于调谐器原理的噪声参数提取方法[12]；另一种是基于 50Ω 噪声测量系统的参数提取方法[13]。下面分别讨论这两种方法的基本原理。

6.4.1 基于调谐器原理的噪声参数提取

MOSFET 器件噪声参数包括 4 个：最佳噪声系数 F_{min}、最佳噪声电阻 R_n、最佳源电导 G_{opt} 和最佳源电纳 B_{opt}。从噪声因子和 4 个噪声参数的关系来看，需要求解不同源阻抗情况下的多维非线性方程组才能确定 4 个噪声参数。要想确定 4 个噪声参数，至少需要 4 个不同阻值的源阻抗。为了提高提取的噪声参数的精度，一般情况下需要 7 个甚至更多数目的源阻抗。图 6.13 给出了典型的基于调谐器原理的噪声测试系统框图。图中，Γ_s 和 Γ_{out} 分别表示 FET 器件的输入/输出反射系数。

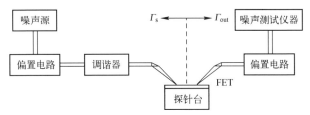

图 6.13 典型的基于调谐器原理的噪声测试系统框图

假设：

$$A = F_{\min} - 2R_n G_{opt} \tag{6.32}$$

$$B = R_n \tag{6.33}$$

$$C = R_n(G_{opt}^2 + B_{opt}^2) \tag{6.34}$$

$$D = -2R_n B_{opt} \tag{6.35}$$

可以得到噪声因子的表达式：

$$F = A + BG_s + \frac{C + BB_s^2 + DB_s}{G_s} \tag{6.36}$$

设置误差函数 ε 为：

$$\varepsilon = \frac{1}{2} \sum_{i=1}^{n} \left[A + B\left(G_i + \frac{B_i^2}{G_i}\right) + \frac{C}{G_i} + \frac{DB_i}{G_i} - F_i \right]^2 \tag{6.37}$$

式中，F_i 为测量得到的噪声系数；G_i 和 B_i 分别为源电导和源电纳，通过优化方法使得误差函数 ε 达到最小可以求解出相应的 4 个噪声参数。

一个实际的 2～26GHz 噪声参数测试系统如图 6.14 所示。宽带噪声源 HP

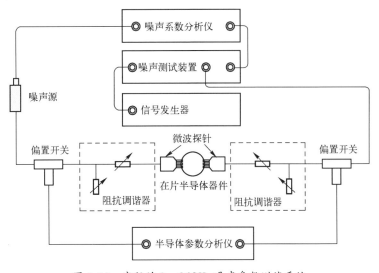

图 6.14 实际的 2～26GHz 噪声参数测试系统

346C工作频带可以高达50GHz。噪声参数测试系统还包括噪声系数分析仪及由低噪声放大器、混频器和滤波器组成的噪声测试装置[14]。

值得注意的是，基于调谐器原理的场效应晶体管器件噪声参数提取的基本原理是将噪声系数作为源阻抗的一个函数，主要缺点有以下两点：

（1）需要一个价格高昂的调谐器；

（2）由于采用优化方法，因此非常耗时，并且需要较多的源阻抗点数。

6.4.2　基于50Ω噪声测量系统的参数提取

为了克服上述缺点，研究人员利用器件的等效电路模型来降低测量的复杂性，提出了一种基于无微波调谐器的噪声系数测量系统来确定MOSFET器件的4个噪声参数的新方法。基于一组噪声参数的解析表达式，通过拟合有源器件50Ω系统测量的噪声系数来确定4个噪声参数。

下面首先介绍噪声参数表达式的推导过程：

（1）计算MOSFET器件本征网络的导纳噪声矩阵网络参数[15]：

$$C_{Y11}^{INT} = 4kT_g \Delta f R_{gs} \left| \frac{j\omega C_{gs}}{1+j\omega C_{gs} R_{gs}} \right|^2 \tag{6.38}$$

$$C_{Y22}^{INT} = 4k\Delta f \left(T_d g_{ds} + T_g R_{gs} \left| \frac{g_m}{1+j\omega C_{gs} R_{gs}} \right|^2 \right) \tag{6.39}$$

$$C_{Y12}^{INT} = 4kT_g \Delta f \frac{g_m^* \omega C_{gs} R_{gs}}{|1+j\omega C_{gs} R_{gs}|^2} \tag{6.40}$$

可以得到，相应的本征网络4个噪声参数的表达式为：

$$R_n^{INT} = \frac{T_g R_{gs}}{T_o k_1} + \frac{T_d g_{ds}(1+\omega^2 C_{gs}^2 R_{gs}^2)}{T_o k_1 g_m^2} \tag{6.41}$$

$$B_{opt}^{INT} = -\omega \left(C_{gs} + C_{gd} - C_{gs} \frac{T_g R_{gs}}{T_o R_n^{INT}} \right) \tag{6.42}$$

$$G_{opt}^{INT} = \omega C_{gs} \frac{\sqrt{k_1 k_3 (k_2 - k_3)}}{k_2} \tag{6.43}$$

$$F_{min}^{INT} = 1 + 2k_4 + 2G_{opt}^{INT} R_n^{INT} \tag{6.44}$$

这里：

$$k_1 = 1 + \frac{2\omega^2 C_{gd}(\tau + R_{gs} C_{gs})}{g_m}$$

$$k_2 = \frac{T_d g_{ds}}{T_o g_m} + k_3$$

$$k_3 = \frac{T_g g_m R_{gs}}{T_o(1+\omega^2 C_{gs}^2 R_{gs}^2)}$$

$$k_4 = \frac{\omega^2 C_{gs}(g_m\tau + C_{gd})k_3}{g_m^2}$$

从上述公式可以看出，噪声电阻 R_n 基本和频率无关，而最佳源电导 G_{opt} 和源电纳 B_{opt} 则与角频率 ω 成正比。

(2) 将本征网络的导纳噪声网络矩阵转换为级联噪声网络矩阵，考虑寄生电阻 R_g 和 R_s 的影响（见图 6.2 中虚线框 III），网络 III 的 4 个噪声参数表达式为：

$$R_n^{III} = R_n^{INT} + R_g + R_s \tag{6.45}$$

$$B_{opt}^{III} = \frac{R_n^{INT} B_{opt}^{INT}}{R_n^{I}} \tag{6.46}$$

$$G_{opt}^{III} = \sqrt{(G_{opt}^{INT})^2 + \frac{k_5 g_m^2 (R_g + R_s)}{k_2^2}} \cdot \frac{R_n^{INT}}{R_n^{I}} \tag{6.47}$$

$$F_{min}^{III} = 1 + 2k_4 + 2k_5(R_g + R_s) + 2G_{opt}^{I} R_n^{I} \tag{6.48}$$

这里：

$$k_5 = \frac{\omega^2}{g_m}[k_2(C_{gs}+C_{gd})^2 - k_3 C_{gs}(C_{gs}+2C_{gd})]$$

值得注意的是，R_g 和 R_s 仅影响表达式中的常数项，并不影响 4 个噪声参数和角频率之间的关系。

(3) 利用网络 III 级联噪声网络矩阵，计算漏极衬底网络和寄生电阻 R_d 的影响（见图 6.2 中虚线框 II）。网络 II 的级联噪声网络矩阵可以表示为：

$$\boldsymbol{C}_A^{II} = \boldsymbol{C}_A^{III} + \boldsymbol{A}_{III} \boldsymbol{C}_A^{S} \boldsymbol{A}_{III}^+ \tag{6.49}$$

这里：

$$\boldsymbol{C}_A^S = R_d \begin{pmatrix} 1 & \dfrac{\omega^2 R_{sub} C_{jd}^2 - j\omega C_{jd}}{1+\omega^2 R_{sub}^2 C_{jd}^2} \\ \dfrac{\omega^2 R_{sub} C_{jd}^2 + j\omega C_{jd}}{1+\omega^2 R_{sub}^2 C_{jd}^2} & \dfrac{\omega^2(1+R_{sub}/R_d)C_j^2}{1+\omega^2 R_{sub}^2 C_{jd}^2} \end{pmatrix}$$

$\boldsymbol{A}_{III}$ 为网络 III 的级联信号矩阵；+ 表示共轭转置。

这样网络 II 的 4 个噪声参数表达式为：

$$B_{opt}^{II} = B_{opt}^{I} \tag{6.50}$$

$$G_{opt}^{II} = G_{opt}^{I} \tag{6.51}$$

$$R_n^{II} = R_n^{I} + R_d \frac{g_{ds}^2}{g_m^2} + \left(\frac{1}{g_m} + R_s\right)^2 \frac{\omega^2(R_{sub}+R_d)C_{jd}^2}{1+\omega^2 R_{sub}^2 C_{jd}^2} \tag{6.52}$$

$$F_{\min}^{\text{II}} = F_{\min}^{\text{I}} + 2G_{\text{opt}}^{\text{I}} R_{\text{d}} \frac{g_{\text{ds}}^2}{g_{\text{m}}^2} \tag{6.53}$$

从上述公式中可以发现,最佳源电导 G_{opt} 和源电纳 B_{opt} 保持不变,噪声电阻 R_{n} 和最佳噪声系数 $F_{\min}$ 变化很小,因此可以肯定,漏极衬底网络和寄生电阻 R_{d} 对 4 个噪声参数的影响很有限。

(4) 计算栅极寄生电感 L_{g} 和源极寄生电感 L_{s} 的影响

由于输出寄生网络对噪声特性影响很小,因此下面主要考虑输入网络(栅极寄生电感 L_{g} 和源极寄生电感 L_{s})的影响,由于输入网络仅由电容和电感构成,为无损耗网络,因此器件最小噪声系数不会改变,噪声电阻 R_{n} 和 G_{opt} 的乘积 $R_{\text{n}} G_{\text{opt}}$ 保持不变,最佳源导纳 Y_{opt} 可以表示为:

$$Y_{\text{opt}}^{\text{I}} = \frac{1}{\dfrac{1}{Y_{\text{opt}}^{\text{II}}} - j\omega(L_{\text{g}} + L_{\text{s}})} \tag{6.54}$$

对于考虑了栅极寄生电感 L_{g} 和源极寄生电感 L_{s} 的无损网络,4 个噪声参数可以表示为:

$$F_{\min}^{\text{I}} = F_{\min}^{\text{II}} \tag{6.55}$$

$$G_{\text{opt}}^{\text{I}} = \frac{G_{\text{opt}}^{\text{II}}}{1 + \omega^2 (L_{\text{g}} + L_{\text{s}})^2 |Y_{\text{opt}}^{\text{II}}|^2 + 2\omega B_{\text{opt}}^{\text{II}} (L_{\text{g}} + L_{\text{s}})} \tag{6.56}$$

$$B_{\text{opt}}^{\text{I}} = \frac{B_{\text{opt}}^{\text{II}} + \omega(L_{\text{g}} + L_{\text{s}}) |Y_{\text{opt}}^{\text{II}}|^2}{1 + \omega^2 (L_{\text{g}} + L_{\text{s}})^2 |Y_{\text{opt}}^{\text{II}}|^2 + 2\omega B_{\text{opt}}^{\text{II}} (L_{\text{g}} + L_{\text{s}})} \tag{6.57}$$

$$R_{\text{n}}^{\text{I}} = \frac{R_{\text{n}}^{\text{II}} G_{\text{opt}}^{\text{II}}}{G_{\text{opt}}^{\text{I}}} \tag{6.58}$$

(5) 计算焊盘元件的影响

由于焊盘衬底是有损网络,与 III-V 族化合物半导体器件相比就复杂得多了,在考虑了焊盘元件的影响之后,总的网络噪声参数可以表示为:

$$B_{\text{opt}}^{\text{T}} = B_{\text{opt}}^{\text{III}} - \omega C_{\text{pg}} \tag{6.59}$$

$$R_{\text{n}}^{\text{T}} = R_{\text{n}}^{\text{III}} + \frac{\omega^2 R_{\text{pd}} C_{\text{pd}}^2}{g_{\text{m}}^2} \tag{6.60}$$

$$G_{\text{opt}}^{\text{T}} = \sqrt{(G_{\text{opt}}^{\text{III}})^2 + \frac{F_{\min}^{\text{III}} \omega^2 C_{\text{pg}}^2 R_{\text{pg}}}{R_{\text{n}}^{\text{III}}}} - \omega^2 C_{\text{pg}}^2 R_{\text{pg}} \tag{6.61}$$

$$F_{\min}^{\text{T}} = F_{\min}^{\text{III}} + \omega^2 R_{\text{pg}} C_{\text{pg}}^2 R_{\text{n}}^{\text{III}} \tag{6.62}$$

在较低的频率下,寄生网络和衬底网络的影响可以忽略不计,同时忽略角频率的高次项,则上述公式可以简化为:

$$R_n = N + R_s + R_g \tag{6.63}$$

$$B_{opt} = -\omega \left[\frac{(C_{gs}+C_{gd})N - C_{gs}T_g R_{gs}/T_o}{N+R_s+R_g} + C_{pg} \right] \tag{6.64}$$

$$G_{opt} = \frac{\omega C_{gs}}{g_m(N+R_s+R_g)} \sqrt{\frac{T_d g_{ds}}{T_o}\left[R_s+R_g+\frac{T_g R_{gs}}{T_o}\right]} \tag{6.65}$$

$$F_{min} = 1 + 2G_{opt}R_n \tag{6.66}$$

这里的 N 是一个常数：

$$N = \frac{T_g R_{gs}}{T_o} + \frac{T_d g_{ds}}{T_o g_m^2}$$

从上述公式中可以看出，低频情况下的噪声参数仅由 4 个电阻（R_g、R_s、R_{gs} 和 g_{ds}）、3 个电容（C_{pg}、C_{gs} 和 C_{gd}）及跨导 g_m 决定。同时可以发现，噪声电阻 R_n 和频率无关，最佳源电导 G_{opt} 和源电纳 B_{opt} 均与角频率 ω 成正比，最佳噪声系数 F_{min} 是角频率 ω 的线性函数。

在源阻抗为 50Ω 的情况下，噪声系数可以表示为：

$$F_{50} = 1 + R_n G_0 + \frac{R_n}{G_0}|Y_{opt}|^2 \tag{6.67}$$

50Ω 噪声测试系统如图 6.15 所示。这里，$Y_s = G_0 = 20\text{mS}$。

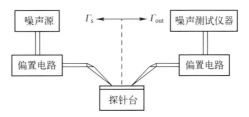

图 6.15 50Ω 噪声测试系统

噪声电阻 R_n 近似和频率无关，最佳源导纳 $|Y_{opt}|$ 和 ω^2 成正比，噪声因子 F_{50} 相对于 ω^2 的变化曲线为线性，在 $\omega=0$ 时数值为 $1+R_n G_0$，这样 R_n 可以从 F_{50} 在 $\omega=0$ 时的数值直接获得：

$$R_n = \frac{(F_{50}^{\omega=0}-1)}{G_0} \tag{6.68}$$

利用 F_{50} 相对于 ω^2 的曲线斜率可以直接获得最佳源导纳的幅度 $|Y_{opt}|$：

$$|Y_{opt}|^2 = \frac{dF_{50}}{d\omega^2} \cdot \frac{\omega^2 G_0}{R_n} \tag{6.69}$$

这样可以获得等效噪声模型参数：

$$T_{\rm d}=\frac{\left[G_0\dfrac{{\rm d}F_{50}}{{\rm d}\omega^2}-R_{\rm n}\left(C_{\rm pg}+\dfrac{NC_{\rm gd}}{R_{\rm n}}\right)^2\right]g_{\rm m}^2 T_{\rm o}}{C_{\rm gs}\left(C_{\rm gs}+2C_{\rm pg}+\dfrac{2NC_{\rm gd}}{R_{\rm n}}\right)g_{\rm ds}} \qquad (6.70)$$

$$T_{\rm g}=\frac{T_{\rm o}}{R_{\rm gs}}(R_{\rm n}-R_{\rm s}-R_{\rm g})-\frac{T_{\rm d}g_{\rm ds}}{R_{\rm gs}g_{\rm m}^2} \qquad (6.71)$$

为了验证基于 50Ω 噪声测试系统的噪声参数提取方法，这里选取了 3 种不同栅长而总栅宽一致的 MOSFET 器件：0.5μm×5μm×16 指、0.35μm×5μm×16 指和 0.18μm×5μm×16 指（栅长×单指栅宽×栅指数）。图 6.16 给出了相应的 MOSFET 器件测试版图。由于所有器件具有一致的测试版图，所以焊盘元件和馈线寄生电感是一样的。利用矢量网络分析仪获得 0.1~40GHz 的 S 参数，利用自动噪声参数测试系统获得 2~14GHz 的器件噪声参数。

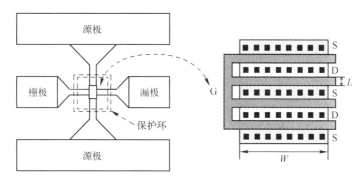

图 6.16 MOSFET 器件测试版图

利用开路短路结构获得的寄生元件参数见表 6.4。表 6.5 给出了 0.5μm×5μm×16 指、0.35μm×5μm×16 指和 0.18μm×5μm×16 指 3 种器件的本征参数。从表 6.5 可以发现：本征电容 $C_{\rm gs}$ 和 $C_{\rm gd}$ 及延时 τ 随着栅长的减小而减小，跨导随着栅长的减小而增加，这样一来，按照特征频率的定义，器件的特征频率将随着器件栅长的减小而增加，器件的工作频率大大增加了。漏极衬底寄生元件 $C_{\rm sub}$ 随着栅长的减小而增加，损耗 $R_{\rm sub}$ 则与器件的栅长关系不大。

表 6.4 寄生元件参数

参 数	数 值	参 数	数 值
$C_{\rm pg}/{\rm fF}$	42	$L_{\rm g}/{\rm pH}$	35
$C_{\rm pd}/{\rm fF}$	42	$L_{\rm d}/{\rm pH}$	35
$C_{\rm pgd}/{\rm fF}$	1.5	$L_{\rm s}/{\rm pH}$	3.5
$R_{\rm pg}/\Omega$	12	$R_{\rm pd}/\Omega$	12

表 6.5 不同栅长器件本征元件参数

参　数	$L=0.5\mu m$	$L=0.35\mu m$	$L=0.18\mu m$
R_g/Ω	2	1.5	2.0
R_d/Ω	5	3	7
R_s/Ω	1.5	1.5	0.8
R_{sub}/Ω	300	300	300
C_{sub}/fF	30	40	50
C_{gs}/fF	370	265	125
C_{gd}/fF	47	44	41
C_{ds}/fF	20	24	30
g_m/mS	34	42	57
τ/ps	2.0	1.2	0.4
g_{ds}/mS	0.85	1.5	3.12
R_i/Ω	3	3	2

图 6.17 给出了 3 个器件 $0.5\mu m \times 5\mu m \times 16$ 指、$0.35\mu m \times 5\mu m \times 16$ 指和 $0.18\mu m \times 5\mu m \times 16$ 指 S 参数模拟和测试比较曲线，频率范围为 $0.1 \sim 40GHz$，偏置为 $V_{gs}=1.2V$，$V_{ds}=2.0V$，特征频率 f_t 分别为 $12GHz$、$20GHz$ 和 $42GHz$。

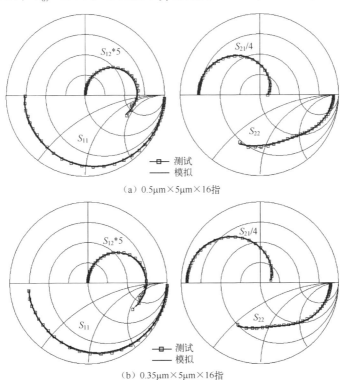

(a) $0.5\mu m \times 5\mu m \times 16$ 指

(b) $0.35\mu m \times 5\mu m \times 16$ 指

图 6.17 S 参数模拟和测试比较曲线（偏置：$V_{gs}=1.2V$，$V_{ds}=2.0V$）

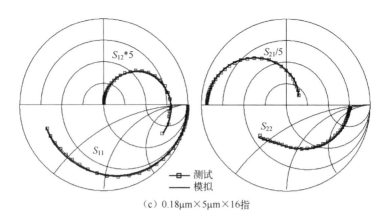

(c) 0.18μm×5μm×16指

图6.17 S 参数模拟和测试比较曲线（偏置：$V_{gs}=1.2V$，$V_{ds}=2.0V$）（续）

图6.18给出了不同MOSFET器件尺寸（0.5μm×5μm×16 指和 0.35μm×5μm×16 指）噪声因子F_{50}随ω^2变化曲线。从图中可以发现，噪声因子F_{50}随着器件栅长的减小而减小。F_{50}起伏的原因在于系统为非标准50Ω阻抗，观察到的起伏与$\dfrac{R_n}{G_0}$成正比。

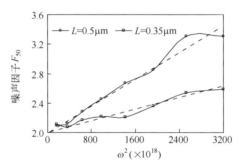

图6.18 噪声因子F_{50}随ω^2变化曲线（0.5μm×5μm×16 指和 0.35μm×5μm×16 指。偏置：$V_{gs}=1.2V$，$V_{ds}=2.0V$）

图6.19给出了提取的MOSFET器件噪声模型参数随栅长变化曲线。可以看出，噪声温度T_d和T_g几乎和器件栅长无关，当然和栅宽也无关。同时图6.19也对50Ω系统测试获得的噪声模型和调谐器方法的测试结果进行了比较。图6.20~图6.22分别给出了3种MOSFET器件（0.5μm×5μm×16 指、0.35μm×5μm×16 指和0.18μm×5μm×16 指）噪声参数模拟和测试对比曲线，发现数据吻合得很好。

图6.23给出了在频率4GHz情况下噪声参数随栅长变化曲线，偏置$V_{gs}=1.2V$，$V_{ds}=2.0V$。最佳噪声系数F_{min}随着栅长的减小而减小，其主要原因是

特征频率随着栅长的减小而变大了。噪声电阻 R_n 随着栅长的减小而增大，其主要原因是 g_{ds}/g_m^2 比值的变化。最佳反射系数 Γ_{opt} 幅度会随着栅长的减小而增大，相位随着栅长的减小而减小，主要原因是本征电容 C_{gs} 随着栅长的减小而减小了。

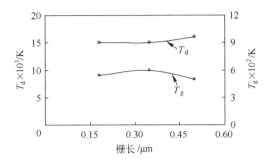

图 6.19 提取的 MOSFET 器件噪声模型参数随栅长变化曲线

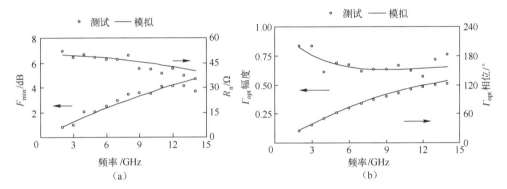

图 6.20 0.5μm×5μm×16 指 MOSFET 器件噪声参数模拟和测试对比曲线
（偏置：$V_{gs}=1.2V$，$V_{ds}=2.0V$）

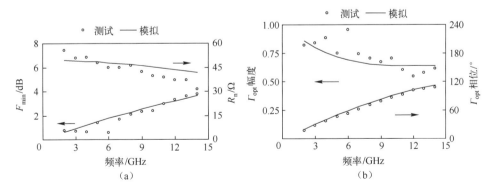

图 6.21 0.35μm×5μm×16 指 MOSFET 器件噪声参数模拟和测试对比曲线
（偏置：$V_{gs}=1.2V$，$V_{ds}=2.0V$）

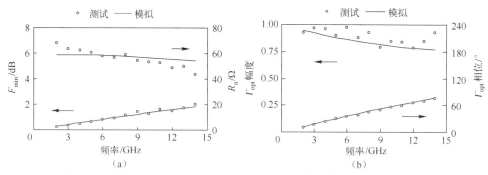

图6.22 0.18μm×5μm×16指MOSFET器件噪声参数模拟和测试对比曲线
（偏置：$V_{gs}=1.2V$，$V_{ds}=2.0V$）

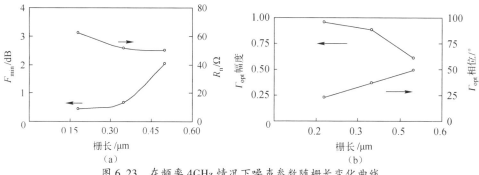

图6.23 在频率4GHz情况下噪声参数随栅长变化曲线

6.5 按比例缩放的噪声等效电路模型

功率MOSFET器件通常由多个元胞（基本单元）并联构成。元胞数目的增多可以提高器件的工作电流和放大倍数。本节介绍一种由多个基本单元组成的深亚微米MOSFET器件的尺寸可扩展噪声和小信号模型，它可以对从基本单元到多单元大尺寸器件的噪声和小信号模型参数进行精确建模[15]。

6.5.1 多单元器件噪声等效电路模型

图6.24给出了包含多个基本单元的大尺寸MOSFET器件版图结构。从图中可以看到，大尺寸MOSFET器件是多个基本单元结构的并联，每个基本单元均含有保护环，而总的器件会有一个大的保护环（用来减小衬底耦合电阻）。

由于在传统的MOSFET器件电路模型中没有考虑基本单元之间相互连接的影响，因此常规模型并不适用于由多个基本单元组成的大尺寸器件。图6.25给出了由多个基本单元组成的大尺寸MOSFET器件噪声等效电路模型。该等效电路模

第 6 章 MOSFET 器件噪声模型

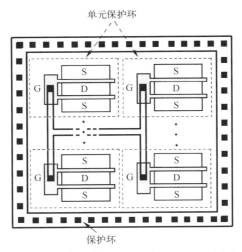

图 6.24 包含多个基本单元的大尺寸 MOSFET 器件版图结构

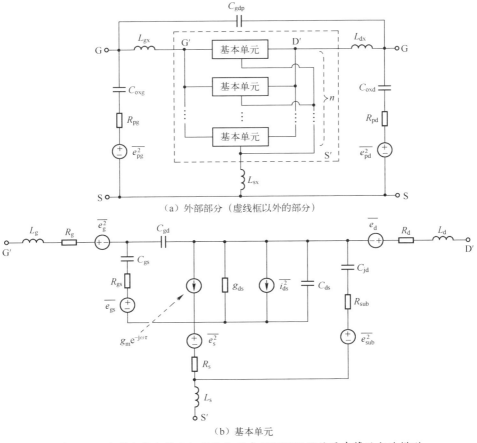

（a）外部部分（虚线框以外的部分）

（b）基本单元

图 6.25 由多个基本单元组成的大尺寸 MOSFET 器件噪声等效电路模型

型可以分为两部分：外部部分仅包含焊盘寄生效应和外部馈线电感；内部部分则包含 n 个基本单元。

寄生电感 L_{gx}、L_{dx} 和 L_{sx} 表征外部焊盘和内部单元的连接。L_g、L_d 和 L_s 分别表示基本单元之间的互连效应。

对于基本单元的噪声模型，这里采用两个常用的模型：Pospieszalski 噪声模型和 PRC 噪声模型[16-18]。两种模型均包含两个相关的噪声源或者不相关的噪声源。

对于 Pospieszalski 噪声模型，相应的导纳噪声矩阵可以表示为：

$$C_{Y_{11}}^{\text{INT}} = \overline{e_{gs}^2} \left| \frac{j\omega C_{gs}}{1+j\omega C_{gs}R_{gs}} \right|^2 \tag{6.72}$$

$$C_{Y_{22}}^{\text{INT}} = \overline{i_{ds}^2} + \overline{e_{gs}^2} \left| \frac{g_m}{1+j\omega C_{gs}R_{gs}} \right|^2 \tag{6.73}$$

$$C_{Y_{12}}^{\text{INT}} = \overline{e_{gs}^2} \frac{g_m^* \omega C_{gs}}{|1+j\omega C_{gs}R_{gs}|^2} \tag{6.74}$$

对于 PRC 噪声模型，栅极和漏极噪声源可以表示为：

$$\overline{i_g^2} = 4kT_o \frac{(\omega C_{gs})^2 R}{g_m} \Delta f \tag{6.75}$$

$$\overline{i_d^2} = 4kT_o g_m P \Delta f \tag{6.76}$$

值得注意的是两个噪声源（$\overline{i_g^2}$ 和 $\overline{i_d^2}$）是相关的：

$$\overline{i_d^* i_g} = 4kT_o \omega C_{gs} C \sqrt{PR} \Delta f \tag{6.77}$$

这里，R 和 P 分别是栅极和漏极的噪声因子；C 为相关系数。

在满足 $\omega C_{gs} \ll 1$ 的情况下，两种噪声模型之间的关系可以表示为[19]：

$$R = g_m R_{gs} \frac{T_g}{T_o} \tag{6.78}$$

$$P = R + \frac{T_d}{g_m R_{gs} T_o} \tag{6.79}$$

$$\text{Im}(C) = -\sqrt{\frac{R}{P}} \tag{6.80}$$

6.5.2 等效电路模型参数提取流程

首先利用开路小信号模型参数提取方法确定焊盘的寄生元件（C_{oxg}、C_{oxd}、R_{pg} 和 R_{pd}），接着利用短路小信号模型提取寄生电感（L_{gx}、L_{dx} 和 L_{sx}）。在削去焊盘和馈线的寄生元件以后，可以利用半分析方法获取基本单元的小信号模型参数。当获得所有小信号模型参数之后，可以利用下面的流程提取噪声模型参数。

（1）计算 MOSFET 器件总体网络的级联噪声矩阵：

$$\boldsymbol{C}_A = 4kT \begin{pmatrix} R_n & \dfrac{F_{min}-1}{2} - R_n Y_{opt}^* \\ \dfrac{F_{min}-1}{2} - R_n Y_{opt} & R_n |Y_{opt}|^2 \end{pmatrix} \quad (6.81)$$

（2）将级联噪声矩阵转换为导纳噪声矩阵，削去焊盘寄生元件（C_{oxg}、C_{oxd}、R_{pg} 和 R_{pd}）的影响。

（3）将导纳噪声矩阵转换为阻抗噪声矩阵，削去外部寄生电感（L_{gx}、L_{dx} 和 L_{sx}）的影响。

（4）将阻抗噪声矩阵转换为导纳噪声矩阵，计算基本单元的导纳噪声矩阵。

由于大尺寸器件可以看作 n 个基本单元的并联，信号导纳矩阵和导纳噪声矩阵可以表示为[15]：

$$\boldsymbol{Y} = n\boldsymbol{Y}^c \quad (6.82)$$
$$\boldsymbol{C}_Y = n\boldsymbol{C}_Y^c \quad (6.83)$$

这里，$\boldsymbol{Y}$ 和 $\boldsymbol{C}_Y$ 分别为器件的信号导纳矩阵和导纳噪声矩阵；$\boldsymbol{Y}^c$ 和 $\boldsymbol{C}_Y^c$ 分别为基本单元的信号导纳矩阵和导纳噪声矩阵。

（5）将导纳噪声矩阵转换为阻抗噪声矩阵，削去内部寄生电感（L_g、L_d 和 L_s）和寄生电阻（R_g、R_s 和 R_d）的影响。

（6）将阻抗噪声矩阵转换为导纳噪声矩阵，削去漏极衬底耦合元件（C_{jd} 和 R_{sub}）的影响。

6.5.3 按比例缩放规则

由于测试结构相同，不同尺寸的 MOSFET 器件焊盘寄生参数是相同的，并且利用相应的短路测试结构来考虑馈线电感的影响，因此这些寄生元件不需要缩放。下面详细讨论基本单元的噪声和小信号模型参数的按比例缩放规则。

图 6.26 和图 6.27 分别给出了基本单元的寄生电感和寄生电阻随栅宽变化曲线。可以看出，寄生电感和寄生电阻均与栅宽成反比。图 6.28 给出了基本单元的漏极衬底耦合元件随栅宽变化曲线，漏极到衬底电容 C_{jd} 和栅宽成正比，而串联体电阻 R_{sub} 则和栅宽成反比。由图 6.26、图 6.27 和图 6.28 可以得出基本单元

寄生元件参数和栅宽之间的缩放规则：

$$\begin{pmatrix} L_g \\ L_d \\ L_s \\ R_g \\ R_d \\ R_s \\ C_{jd} \\ R_{sub} \end{pmatrix} = \begin{pmatrix} W^{-1} & 0 & 0 & 0 & 0 & 0 & 0 & 0 \\ 0 & W^{-1} & 0 & 0 & 0 & 0 & 0 & 0 \\ 0 & 0 & W^{-1} & 0 & 0 & 0 & 0 & 0 \\ 0 & 0 & 0 & W^{-1} & 0 & 0 & 0 & 0 \\ 0 & 0 & 0 & 0 & W^{-1} & 0 & 0 & 0 \\ 0 & 0 & 0 & 0 & 0 & W^{-1} & 0 & 0 \\ 0 & 0 & 0 & 0 & 0 & 0 & W & 0 \\ 0 & 0 & 0 & 0 & 0 & 0 & 0 & W^{-1} \end{pmatrix} \begin{pmatrix} L_g^c \\ L_d^c \\ L_s^c \\ R_g^c \\ R_d^c \\ R_s^c \\ C_{jd}^c \\ R_{sub}^c \end{pmatrix} \quad (6.84)$$

这里，W 为器件的栅宽，c 表示基本单元。

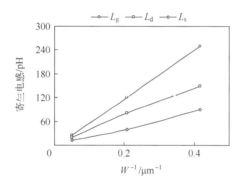

图 6.26　基本单元的寄生电感随栅宽变化曲线

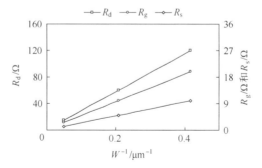

图 6.27　基本单元的寄生电阻随栅宽变化曲线

图 6.29 给出了基本单元的本征元件随栅宽变化曲线。可以看出，电容均和栅宽成正比，电阻和栅宽成反比，跨导和漏导与栅宽成正比，即

$$\begin{pmatrix} C_{gs} \\ C_{gd} \\ C_{ds} \\ g_{m} \\ g_{ds} \\ R_{gs} \end{pmatrix} = \begin{pmatrix} W & 0 & 0 & 0 & 0 & 0 \\ 0 & W & 0 & 0 & 0 & 0 \\ 0 & 0 & W & 0 & 0 & 0 \\ 0 & 0 & 0 & W & 0 & 0 \\ 0 & 0 & 0 & 0 & W & 0 \\ 0 & 0 & 0 & 0 & 0 & W^{-1} \end{pmatrix} \begin{pmatrix} C_{gs}^{c} \\ C_{gd}^{c} \\ C_{ds}^{c} \\ g_{m}^{c} \\ g_{ds}^{c} \\ R_{gs}^{c} \end{pmatrix} \quad (6.85)$$

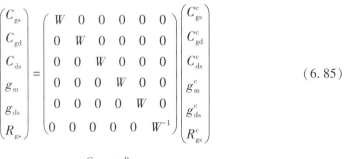

图 6.28 基本单元的漏极衬底耦合元件随栅宽变化曲线

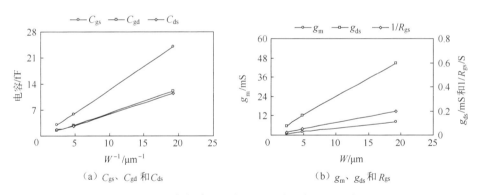

(a) C_{gs}、C_{gd} 和 C_{ds} (b) g_{m}、g_{ds} 和 R_{gs}

图 6.29 基本单元的本征元件随栅宽变化曲线

从上面的缩放规则可以得到如下结论，即基本单元的 Z 参数均与栅宽成反比：

$$Z_{ij}(i=1,2;j=1,2) \propto W^{-1} \quad (6.86)$$

由此可以获得基本单元的阻抗噪声矩阵也与栅宽成反比：

$$\boldsymbol{C}_{Z}^{c} \propto \frac{1}{W} \quad (6.87)$$

基本单元本征部分的阻抗噪声矩阵可以表示为：

$$\boldsymbol{C}_Z^{\text{INT}} = \boldsymbol{C}_Z^{\text{C}} - 4kT_{\text{o}} \begin{pmatrix} R_{\text{g}}+R_{\text{s}} & R_{\text{s}} \\ R_{\text{s}} & R_{\text{d}}+R_{\text{s}} \end{pmatrix} \quad (6.88)$$

因此有

$$\boldsymbol{C}_Z^{\text{INT}} \propto \frac{1}{W} \quad (6.89)$$

相应的基本单元本征部分的导纳噪声矩阵与栅宽成正比：

$$\boldsymbol{C}_Y^{\text{INT}} = \boldsymbol{Y}^{\text{INT}} \boldsymbol{C}_Z^{\text{INT}} (\boldsymbol{Y}^{\text{INT}})^+ \propto W \quad (6.90)$$

由此可以得出，噪声模型参数 T_{g}、T_{d}、P、R 及 C 均与器件尺寸无关，基本单元和总的器件保持一致：

$$\begin{pmatrix} T_{\text{g}} \\ T_{\text{d}} \\ P \\ R \\ C \end{pmatrix} = \begin{pmatrix} 1 & 0 & 0 & 0 & 0 \\ 0 & 1 & 0 & 0 & 0 \\ 0 & 0 & 1 & 0 & 0 \\ 0 & 0 & 0 & 1 & 0 \\ 0 & 0 & 0 & 0 & 1 \end{pmatrix} \begin{pmatrix} T_{\text{g}}^{\text{c}} \\ T_{\text{d}}^{\text{c}} \\ P^{\text{c}} \\ R^{\text{c}} \\ C^{\text{c}} \end{pmatrix} \quad (6.91)$$

6.5.4 模拟和测试结果对比

以 90nm 栅长 MOSFET 器件 4 指×0.6μm×18 单元（栅指数×单指栅宽×单元数）为基本单元，研究大尺寸器件 8 指×0.6μm×12 单元和 32 指×0.6μm×2 单元与基本单元之间的关系。表 6.6 给出了提取的 4 指×0.6μm×18 单元 MOSFET 器件模型参数，偏置为 $V_{\text{ds}} = 0.6\text{V}$ 和 $I_{\text{ds}} = 1.76\text{mA}$。图 6.30 给出了 4 指×0.6μm×18 单元 MOSFET 器件 S 参数模拟和测试对比曲线，频率范围 100MHz～40GHz，偏置电位为 $V_{\text{gs}} = 0.6\text{V}$ 和 $V_{\text{ds}} = 0.6\text{V}$。提出的模型也与传统模型进行了比较，图 6.31 给出了两种模型之间的准确性比较。从图中可以清楚地发现，所提出模型的精度

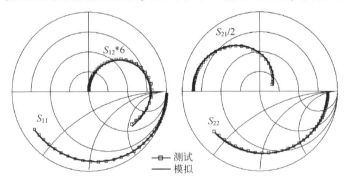

图 6.30 4 指×0.6μm×18 单元 MOSFET 器件 S 参数模拟和测试对比曲线
（偏置：$V_{\text{gs}} = 0.6\text{V}$，$V_{\text{ds}} = 0.6\text{V}$）

(相对误差百分比) 比传统模型要好,尤其是在高频范围(20GHz 以上)时,S_{12}、S_{21} 和 S_{22} 精度较好,S_{11} 精度一直保持在 2% 以内。图 6.32 给出了按照比例缩放规则获得的 MOSFET 器件(8 指×0.6μm×12 单元和 32 指×0.6μm×2 单元)S 参数模拟数据和测试数据对比曲线,模拟和测试结果吻合良好。

表 6.6　90nm MOSFET 器件模型参数(4 指×0.6μm×18 单元)

参　　数	数　　值	参　　数	数　　值
C_{oxg}/fF	115	R_g/Ω	20
C_{oxd}/fF	110	R_d/Ω	120
C_{pgd}/fF	1.2	R_s/Ω	10
R_{pg}/Ω	9	R_{sub}/Ω	3000
R_{pd}/Ω	8	C_{jd}/fF	0.8
L_{gx}/pH	40	C_{gs}/fF	3.0
L_{dx}/pH	35	C_{gd}/fF	1.55
L_{sx}/pH	5	C_{ds}/fF	1.6
L_g/pH	250	g_m/mS	1.05
L_d/pH	150	g_{ds}/mS	0.077
L_s/pH	90	R_{gs}/Ω	40

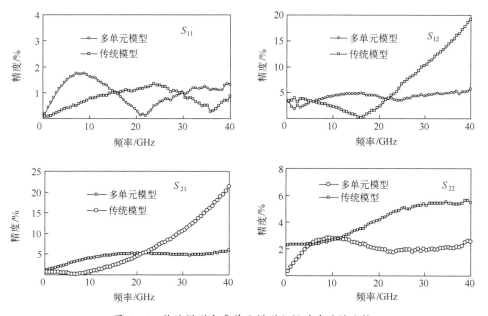

图 6.31　传统模型和多单元模型之间的准确性比较

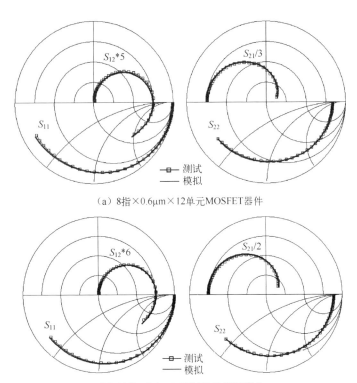

(a) 8指×0.6μm×12单元MOSFET器件

(b) 32指×0.6μm×2单元MOSFET器件

图6.32 按照比例缩放规则获得的MOSFET器件S参数模拟数据和测试数据对比曲线
（偏置：$V_{gs}=0.6V$，$V_{ds}=0.6V$）

图6.33给出了4指×0.6μm×18单元MOSFET器件噪声参数模拟数据和测试数据对比曲线，偏置为$V_{gs}=0.6$ V和$V_{ds}=0.6$V。相应的噪声模型如下。

Pospieszalski模型：$T_g=300K$，$T_d=4200K$。

PRC模型：$P=1.12$，$R=0.042$，$C=0.195$。

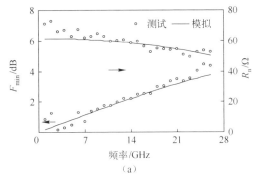

(a)

图6.33 4指×0.6μm×18单元MOSFET器件噪声参数模拟数据和测试数据对比曲线
（偏置：$V_{gs}=0.6$ V，$V_{ds}=0.6$V）

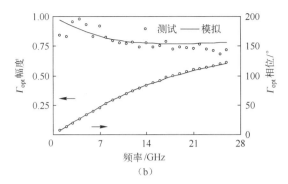

图 6.33 4 指×0.6μm×18 单元 MOSFET 器件噪声参数模拟数据和测试数据对比曲线（续）
（偏置：$V_{gs}=0.6$ V，$V_{ds}=0.6$V）

图 6.34 给出了按照比例缩放规则获得的 MOSFET 器件（8 指×0.6μm×12 单元）噪声参数模拟数据和测试数据对比曲线，模拟和测试结果吻合良好。

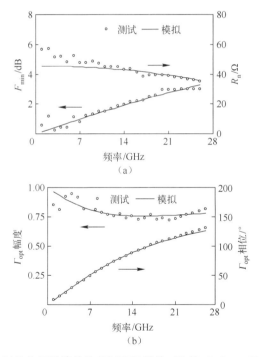

图 6.34 按照比例缩放规则获得的 MOSFET 器件（8 指×0.6μm×12 单元）噪声参数
模拟数据和测试数据对比曲线（偏置：$V_{gs}=0.6$ V，$V_{ds}=0.6$V）

6.6 本章小结

首先介绍了 MOSFET 器件的噪声等效电路模型及信号和噪声相关矩阵技术，推导了基于噪声模型的噪声参数的表达式，给出了噪声模型参数的提取方法，最后给出了一种由多个基本单元组成的深亚微米 MOSFET 器件的可扩展噪声和小信号模型。它可以对从基本单元到多单元大尺寸器件的噪声和小信号模型参数进行精确建模。模拟和测试结果表明：在相同偏置条件下，器件模型参数遵循按比例缩放规则。

参 考 文 献

[1] GAO J. Heterojunction bipolar transistor for circuit design—Microwave modeling and parameter extraction [M]. Singapore: Wiley, 2015.

[2] CAO J. RF and microwave modeling and measurement techniques for field effect transistors [M]. Raleigh, NC: SciTech Publishing, Inc., 2010.

[3] SAKALAS P, ZIRATH H G, LITWIN A, et al. Impact of pad and gate parasitics on small-signal and noise modeling of 0.35μm gate Length MOS Transistors [J]. IEEE Transactions Electron Devices, 2002, 49 (5): 871-880.

[4] CHENG Y, CHEN C H, MATLOUBIAN M, et al. High-frequency small signal AC and noise modeling of MOSFETs for RF IC design [J]. IEEE Transactions on Electron Devices, 2002, 49 (3): 400-408.

[5] PASCHT A, GRÖZING M, WIEGNER D, et al. Small-signal and temperature noise model for MOSFETs [J]. IEEE Transactions on Microwave Theory and Techniques, 2002, 50 (8): 1927-1934.

[6] DEEN M J, CHEN C H, ASGARAN S, et al. High frequency noise of modern MOSFETs: Compact modeling and measurement issues [J]. IEEE Transactions on Electron Devices, 2006, 53 (9): 2062-2081.

[7] POSPIESZALSKI M W. Modeling of noise parameters of MESFETs and MODFETs and their frequency and temperature dependence [J]. IEEE Transactions on Microwave Theory and Techniques, 1989, 37 (9): 1340-1350.

[8] POSPIESZALSKI M W. Interpreting transistor noise [J]. IEEE Microwave Magazine, 2010, 11 (6): 61-69.

[9] HILLBRAND H, RUSSER P. An efficient method for computer-aided noise analysis of linear amplifier networks [J]. IEEE Transactions on Circuits and Systems, 1976, 23 (4): 235-238.

[10] 于盼盼. 90nm MOSFET 晶体管微波建模与参数提取技术研究 [D], 上海: 华东师范大学, 2018.

[11] YU P, CHEN B, GAO J. Microwave noise modeling for MOSFETs [J]. International Journal of Numerical Modeling: Electronic Networks, Devices and Fields, 2015, 28 (6): 639-648.

[12] LANE R Q. The determination of noise parameters [J]. Proceedings of the IEEE, 1969, 57 (8): 1461-1462.

[13] GAO J. Direct parameter–extraction method for MOSFET noise model from microwave noise figure measurement [J]. Solid-State Electronics, 2011, 63 (1): 42-48.

[14] 高建军. 场效应晶体管射频微波建模技术 [M]. 北京: 电子工业出版社, 2007.

[15] GAO J, WERTHOF A. Scalable small signal and noise modeling for deep submicron MOSFETs [J]. IEEE Transactions on Microwave Theory and Techniques, 2009, 57 (4): 737-744.

[16] VAN A DER ZIEL. Gate noise in field effect transistors at moderately high frequencies [J]. Proceedings of the IEEE, 1963, 51 (3): 461-467.

[17] PUCEL R A, HAUS H A. Signal and noise properties of gallium arsenide microwave field effect transistors [J]. Advances in Electronics and Electron Physics, 1975, 38: 195-265.

[18] CAPPY A. Noise modeling and measurements techniques (HEMTs) [J]. IEEE Transactions on Microwave Theory and Techniques, 1988, 36 (1): 1-10.

[19] HEYMANN P, RUDOLPH M, PRINZLER H, et al. Experimental evaluation of microwave field-effect-transistor noise models [J]. IEEE Transactions on Microwave Theory and Techniques, 1999, 47 (2): 156-162.

反侵权盗版声明

电子工业出版社依法对本作品享有专有出版权。任何未经权利人书面许可，复制、销售或通过信息网络传播本作品的行为；歪曲、篡改、剽窃本作品的行为，均违反《中华人民共和国著作权法》，其行为人应承担相应的民事责任和行政责任，构成犯罪的，将被依法追究刑事责任。

为了维护市场秩序，保护权利人的合法权益，本社将依法查处和打击侵权盗版的单位和个人。欢迎社会各界人士积极举报侵权盗版行为，本社将奖励举报有功人员，并保证举报人的信息不被泄露。

举报电话：(010) 88254396；(010) 88258888
传　　真：(010) 88254397
E-mail：dbqq@phei.com.cn
通信地址：北京市海淀区万寿路173信箱
　　　　　电子工业出版社总编办公室
邮　　编：100036